黄河水利委员会治黄著作出版资金资助出版图书

历代治河方略探讨

张含英　著

黄河水利出版社
·郑州·

序

　　黄河是一条年轻的河流。据地质学家考证,它只有一百一十万年的历史。这说明它还是一条正在发育成长的河流,冲积功能正在旺盛时期的河流。它的上、中游有五十八万平方公里的黄土高原,是一片肥沃的土壤。《书经》称赞说:"厥土惟黄壤,厥田惟上上。"然黄壤疏松,易受水流冲蚀。黄土高原现有四十三万平方公里是水土流失区,基本在黄河中游。大量黄土受雨水冲蚀,随河流下泄,逐渐冲积成下游二十五万平方公里的华北大平原。

　　华北大平原既为黄河冲积所成,就其自然发展说,黄河必然经常泛滥其上。在原始社会,人类可能是"择丘陵而处",或"迁民以避水"。迨至社会经济逐渐发展,进入奴隶社会时期,便出现了"大禹治水"的传说,一直为后世所称颂:尧、舜之时,洪水滔天,泛滥四野,使鲧治之,采取"障"的办法而失败。禹继之,采取"疏川导滞"的办法,得以成功。在有文字的历史记载以后,除水害、兴水利的业绩,一直是史书上的一项重要内容。

　　大约在进入封建社会初期的战国时代,黄河下游两岸便出现了长堤防护。当然,局部地区的堤防当远较此时为早。战国时期,由于社会经济的发展和诸侯兼并,对下游修建绵亘长堤提出了要求,并为之创造了条件。长堤的出现,是主动治河的措施,较之听其自由泛滥前进了一步。但是,河流挟带大量泥沙,河床逐渐淤积抬高,河口三角洲也日益延伸扩大。因之,决口之后便常有改道迁徙的可能,即使堵塞决口、回复故道,堤身亦必随河床的上升而日益加高,防御工事亦须因河流情势的变化而逐步加强。历代虽曾设高官专职防守,而决口泛滥依然十分频繁,出现了"三年两决口"的悲惨局面。黄河遂蒙受"害河"的恶名。

　　在长期的治河实践中,治理方法有不断的发展,宋、明均有显著的推进。但总的说来,在长期的封建统治下,治河的发展远远落后于社会经济的要求。隋、唐时代的经济、文化中心已逐渐移向长江流域,这与黄河灾害日益严重是分不开的。直到在中国共产党领导下,推翻了半殖民地、半封建社会,建立起人民当家作主的社会主义新中国,采用了近代科学技术,才开始改变了黄河的面貌,取得了空前的巨大成就,而且正在向开发黄河水资源、发展经济建设阔步前进。

黄河流域长期是我国政治、经济和文化的中心。历代的统治阶级,大权独揽的最高统治者,出于维护其统治,大都对治理黄河深为关注,设高官驻河,专司其事,且有亲自勘查指挥者。我国广大沿河人民,经历了千百年的实践,有着一套水流知识和熟练技术。近代科学引进之后,也确实培养了一批技术人员。但何以治河之术进展缓慢,泛滥之灾日趋严重;何以新中国成立不久,黄河治理就出现了前无古人的新局面?

早年我在研究治理黄河的过程中,曾写过一本《历代治河方略述要》,由商务印书馆于一九四五年出版发行。这本书只不过是对于所谓"汗牛充栋"的黄河史料,简明扼要地加以概括,列述历代治河方略大要而已。迨至五十年代中期,三联书店来信,希望对于该书略加修订再版。我当时认为该书的编写内容尚不足,应当改写,故未同意再版。然以业务繁忙,无暇执笔。回想起来,事忙虽属事实,但主要原因在于改写有心,而下笔无术。所谓无术,是心中有些问题,一时得不到解答。特别是上述问题,虽然感触甚深,但因没时间揣摩整理,以致一直不成系统。十余年来,结合学习,试以唯物史观,对于历代治河方略从头进行推敲分析,肯定其成绩和正确观点,批判其错误和落后思潮,成笔记若干篇。经此番连贯整理,思路顿开,特修改补充辑为此书。

经过这段学习,深知五代以后河患日趋严重的原因是多方面的,有自然的原因,也有社会的原因。例如,黄河有难治的自然特点,如古人所总结的,黄河有善淤的现象,因而产生善决、善徙的恶果。而科学技术的发展又跟不上时代的要求,于是治河原则便长期地陷入概念化的"堤"与"疏"争论之中。至于科学技术发展迟滞,则主要是由于在长期的高度中央集权的封建统治下,政治思想路线的束缚,经济政策的局限,以及社会动荡的影响等社会原因,严重地影响着生产力的发展。明朝中期虽曾有资本主义的萌芽,治河亦有所推进,但资本主义则长期未得发展,治河科学技术亦遂踏步不前。即使在清末海运大开以后,治河仍一秉"中学为体"的原则,置西方科学于不顾。虽倡"西学为用"的方针,亦仅限于某些工业和企业的引进,对于政治思想则仍处于闭关锁国的状态。通过治河史的研究,懂得了历史上造成河患日益严重的社会原因,亦遂进一步认识"只有社会主义能够救中国"的道理。然本书既为习作,又兼思想认识落后,科技知识肤浅,而对于历史、地理两科又素无研究,虽于同志们一再指点后易稿改编,缺点谬误仍在所难免。诚恳地期待读者提出宝贵意见,以便陆续补充修正。

张含英

一九八〇年八月

《历代治河方略探讨》再版凡例

一、本书的再版，坚持既忠于原著作，又方便研究与学习的原则，在尽可能保持原著作风格与面貌的同时，也作了一些技术处理。

二、再版时，对于一些不规范用语根据国家有关出版法规进行了规范。如"内蒙"改为"内蒙古"等。

三、对于书中的别字、衍文、错字，在正文中进行了改正。

四、对于本书中的不当标点，依照我国现行的《标点符号用法》进行了订正。

五、对于书中个别容易引起歧义的句子，作了文法和修辞处理。

六、对于书中注释不明确之处，根据现有资料进行了修改完善。

目　录

第一章　黄河概况与变迁述要

　　黄河是我国第二大河,也是世界闻名的巨川。在历史上一个相当长的时期内,黄河流域是我国政治、经济、文化的中心,对于我国的繁荣和发展有过极大的贡献。同时,黄河下游的泛滥灾害却十分严重,且常迁徙改道。所以治理黄河成为历代关心的大事。迄至今日,黄河的改造和利用,仍然是我们社会主义建设的一个重大课题。

　　黄河发源于青海巴颜喀拉山北麓的约古宗列渠,沿途汇集了四十多条主要支流和千万条溪沟涧川,逐步形成了波澜壮阔的大河,穿越青海、四川、甘肃、宁夏、内蒙古、山西、陕西、河南、山东等九省、区,流程五千四百六十四公里,在山东垦利县注入渤海。流域面积为七十五万二千四百四十三平方公里(下游冲积平原的约二十五万平方公里不在内)。

　　从河源到内蒙古的托克托的河口镇为黄河的上游,长三千四百七十二公里,落差三千八百四十米,流域面积三十八万五千九百六十六平方公里。从托克托的河口镇到河南郑州桃花峪(花园口)为黄河的中游,长一千二百零六公里,落差八百八十八米,流域面积三十四万四千零七十平方公里。从桃花峪到山东的垦利县河口是黄河下游,长七百八十六公里,落差九十五米,流域面积二万二千四百零七平方公里。

　　下游河道为过去治理的重点。今日下游为清朝咸丰五年(公元一八五五年)河南兰阳(今兰考县)铜瓦厢决口改道北流后的河道,已经一百二十余年。下游大平原为黄河冲积所成,黄水必曾遍历各地。有历史记载以来,黄河已有多次变迁。自河南荥泽而下,北过漳、卫以达天津,南侵颍、淮而泛苏北。历代黄河流经地区不同,情况亦异。然古代记述不详,观测亦略。为提供历代治策供研究参考,先就下游河道及其水文情况,作简要的说明,并对历代河流变迁作概略的叙述。

1-1 黄河下游概况

黄河由河南孟津东流,经孟县、温县、武陟县南、偃师、巩县、荥阳、郑州市北;东流经原阳、封丘南、中牟、开封市北;到兰考,折而东北流,为清朝咸丰五年所改河道。经河南长垣、山东范县、阳谷南、山东东明、菏泽、鄄城、郓城、梁山北;穿运河继续东北流,经东阿、茌平、齐河南、东平、平阴、长清、济南市北;济阳、滨县、利津南、历城、长清、垦利北;东北流入渤海。

从孟津到郑州铁桥,南岸为邙山,有伊、洛河自巩县来汇。北岸则自孟津而下修建了大堤,有沁河自武陟来汇。郑州而下则两岸均有大堤。河道宽阔,两堤相距一般为十公里左右,窄处也有五公里。追至兰考县的东坝头以下的大车集,两堤相距竟达二十公里。东明而下,河道逐渐缩窄。东阿艾山而下,则成为窄河道,且多弯曲。最窄处在艾山一带,河宽仅三百至四百米。黄河在宽河道内左右游荡,有时数股分流,有时合为一股,沙滩罗布,串沟交错,河流既极紊乱,泥沙又易淤积。黄河下游地势平缓,泥沙淤淀,河床较背河地面一般高出六至七米,最大达十几米,成为著名的地上河。由于过去经常决口,河槽淤淀尚缓。但据近年统计,河床每年淤高约为十厘米。这是一个大概数字。不同河段因情况不同,每有变化,同一河段,因水文的变化亦常不同。由此亦可见下游河道淤淀的严重性、防御水灾的艰巨性。

黄河的现代水文观测以河南陕县水文站(今已沉入三门峡水库中)为最早。初仅观测水位,全面的观测亦有五十余年的记录。这里只略述水文变化的一般情势,特别注重于为害下游的洪水与泥沙来源。

就黄河多年的平均水量说,甘肃兰州的平均流量为每秒一千零十九立方米,年输水量为三百二十二亿立方米。但是到了内蒙古的包头(在托克托以上),平均流量则减为每秒八百二十九立方米,年输水量减为二百六十二亿立方米。这是由于沿途支流较少,宁夏青铜峡而下有开阔平原,灌溉引水和蒸发、渗漏较多的缘故。到山西、陕西交界的河津禹门口,年平均流量为每秒九百五十三立方米,年输水量为三百亿立方米。到陕县,平均流量为每秒一千三百零五立方米,年输水量为四百一十二亿立方米。到河南郑州秦厂,平均流量为每秒一千四百九十立方米,年输水量为四百七十亿立方米。秦厂站控制流域面积百分之九十七以上,输向下游的水量当较陕县更有代表性。不过秦厂站的水文观测时间则较陕县为短。

就一条大河说,黄河的水量并不算多,这当然和水文、地理条件有关。但是,水量在年际间的变化则较大。就陕县的观测统计说,这里的最小流量还不到每秒二百立方米,多年的平均流量也不过每秒一千三百零五立方米,而在民国二十二年(公元一九三三年)却出现了每秒二万二千立方米的洪水。又据调查推算,清道光二十三年(公元一八四三年)陕县在四十四个小时内,水位陡涨二丈零八寸,流量达到每秒三万六千立方米。来水的大小悬殊是十分惊人的。

在一年内的涨水期称为汛期。黄河上素有四汛之称,即凌汛、桃汛、伏汛、秋汛。其实,凌汛并不表示水量增大,是在立春前后下游冰解之时,冰块拥积,形成冰坝,遂使水位抬高,有时防护不力,即或决溢成灾。从重视堤防着眼,故称为"汛"。三、四月间,流域内冰雪全融,水量增加,下游出现小洪水,因值桃花盛开,故称桃汛。七、八月间为黄河流域的雨季,且多暴雨,流量大增,常出现较大洪水或特大洪水,因适值伏天,故名伏汛。九、十月间,除渭河尚有暴雨外,其他地区常是阴雨连绵,洪峰虽不及伏汛为高,但是总水量很大,且以下游大堤浸水已久,威胁较大,称为秋汛。伏秋大汛期间,流量一般多在每秒四五千立方米到一万立方米。然由于雨季大水多来自中游,遇有河流涨发,其势甚骤,洪峰突起,远高于一般水流,威胁下游堤防特为严重。

陕县洪流关系到下游堤防的安全,故特受重视。至于上游的兰州则比较平稳,实测洪峰流量多为每秒四五千立方米;而包头多为每秒二三千立方米,最多亦不超过四千立方米。中游禹门口的实测洪峰流量多在每秒一万立方米以上,一九六七年曾出现每秒二万一千立方米的洪峰,但来去迅速,呈暴涨暴落的形势。从大洪水的实测记录看,黄河下游的大洪水主要不是来自上游,而是来自中游地区。但由于上游的全年来水量较大,所以上游的水资源是丰富的。

黄河的水量比诸其他大河虽不为多,而其含沙量则十分惊人,远非世界其他大河所可比拟。根据陕县水文站多年观测资料计算,平均每立方米河水的含沙量为三十八公斤,而最大的含沙量记录则为六百五十公斤。陕县多年平均输沙总量约为十六亿吨。这样大量的泥沙也主要来自中游。例如在兰州,每立方米河水的多年平均含沙量只有三公斤;包头只有六公斤;到禹门口则增加到二十八公斤。据统计,陕县河中的巨量泥沙,几乎百分之九十来自托克托的河口镇以下。黄河流域内,西起青海、甘肃,北抵长城,东至太行山,南达秦岭,有一个面积约为五十八万平方公里的黄土区,通称黄土高原。在黄土区内有四十三万平方公里是水土流失区,其中二十八万平方公里为水土流失严重区,大部属于黄河中游地带。一遇暴雨,便有大量的泥沙随流而下,淤积于黄河下游。经过陕县每年下泄的十六亿吨泥沙,约有四亿吨淤积在下游河道里,使河床逐年淤高,成为地上河;八亿吨淤积在河口三角洲,平均每年造陆三十平方公里;四亿吨沉积海底或随水流去。黄河下游善淤的特性,常是造成善决、善徙恶果的重要自然因素。

应作补充说明的是,水文统计数字常以记录年的多寡而有所不同,又或以受上游工程兴建和事业开发的影响而前后有差。所以上引水文统计,仅可供一般参考。

1－2　历代决口与改道概况

黄河下游过去决口极为频繁,但准确的统计是难得的,如由于政局紊乱、战事连绵,或由于种种原因而未上报,则记载将有所遗漏;相反,如同时邻近有几处决口,或以地名不同,或以统计方法不同,而列为数次,则记载又可能较实际为多。至于改道的次数,则可能因不同的标准而有不同的论断、不同的统计,如对于改道后历时的长短,改道与故道相距的远近,改道意义和影响的大小,等等。但为了获得一个概念,引述《人民黄河》一书的统计如下:"在一九四六年以前的三四千年中,黄河决口泛滥达一千五百九十三次,较大的改道有二十六次。"

所谓决口,一般指河道有了堤防以后的溃决。如无堤防,水漫河岸,一般称为泛滥,而不称决口。黄河善决既有其自然的原因,也有人为的原因。决口有的由于遇到特大洪水,防守不及,也有的由于防守不力,还有的是人为的决口。决口后灾害的严重程度亦不一。但由于下游大平原为黄河淤积所成,也就是曾为黄水所流经或泛滥所及之地,而黄河又是一条地上河,所以决口后的灾害当比一般河流为重。

改道是指决口后放弃原来河道而另循新道。黄河下游既是一条地上河,一般说,决口后常有改道的趋势。除少数由于决水下流受阻,水落仍回归旧道外,多数情况必须由人工强事堵塞,始能挽回原河道。所以改道一般由于堵塞决口失败,或未事堵塞之故。

在没有堤防之前,就黄河的自然情况而论,洪水上涨,便漫岸泛滥外流,其改道次数可能更为频繁。早年,利津县城以东尚无堤防时,就耳闻目睹所及,其下既为多支分流,而主流也经常变迁不定。

关于黄河下游堤防的起源,论者不一。有的认为《尧典》所记鲧治水用的“堙”就是堤①。有的认为《禹贡》“九泽既陂”的记载,就证明禹治水也用堤②。但是,作为一个治河的对策,应当把沿河的长堤和防护居民点的堤,与局部防水的短堤或围堤加以区分。民间有“兵来将挡,水来土堰”的古谚。这说明,为了保护居民区或生产区,用土筑堤或修堰等法防水,必然有悠久的历史,正如《尧典》所记。但在黄河下游两岸修筑较为系统的长堤,作为治河的一项重要措施,则当如西汉末贾让所说:“盖堤防之作,近起战国。”③因为在列国逐渐合并之后,黄河下游地区渐趋统一,仅齐、赵、魏滨邻黄河,这就为修建较系统的长堤创造了条件。再则,这时正是由奴隶社会向封建社会转变时期,生产关系的变化也必然促进生产力的发展和经济繁荣。所以贾让的这一论断与当时社会经济的发展和战国逐渐合并的形势相符合。当然,沿河有系统的长堤要经过一定时期的演变,并不是短时内突然形成的。只是到了战国,两岸就可能有了比较系统的长堤。再则,两岸堤防的修筑是治河策略上的一个大变化,也必然要经过一段时间的实践才可能实现。所以说“盖堤防之作,近起战国”并不是说到了战国才知道堤能防河,或者才知道以堤防河,而是到了这时,黄河下游两岸的大堤才发展得较为完整,较为系统。

传说中的大禹治水，远在有比较完整的堤防以前。《尚书·禹贡》载："导河积石，至于龙门。南至于华阴，东至于砥柱。又东至于孟津，东过洛汭，至于大伾（山名，今河南浚县境）。北过降水（今漳河），至于大陆（今河北任县、巨鹿一带）。又北播为九河，同为逆河，入于海。"这是传说中禹导河的记载。然《禹贡》一书，考据家一般认为是春秋、战国时的作品，且多偏于后者。若然，则这一记载也只是根据一种传说写的。据传说而写一千几百年前的故事，自多揣测。后世对于所谓禹河的考据亦多，兹不多述。《禹贡》所记的禹河，是黄河下游河道考据中比较最靠北的一条路线。

古籍中记载的第一次改道（当然不是事实上的第一次改道），发生在周定王五年（公元前六〇二年）。这时黄河从宿胥口（今淇河、卫河合流处）改道，东行漯（音榻）川④，至长寿津（今河南滑县东北）与漯川别，北合漳河，至章武（今河北沧县东北）入海。这次河道所经在传说中的禹河以南。参阅图1历代黄河大变迁示意图。

以下仅略述黄河下游变迁的趋势与概况，对于历次决口和改道的具体情况则不多叙。

汉武帝元光三年（公元前一三二年）五月，河在瓠子（今河南濮阳西南）决口，洪水东南流，经巨野，由泗水入淮河。决口于武帝元封二年（公元前一〇九年）堵复，大河回归故道北行。但不久又自馆陶沙邱堰决口向南分流为屯氏河，与大河平行，在平原县以南又流入大河。

王莽始建国三年（公元一一年），河决魏郡（旧治在今河北临漳县西，一说在今河南南乐一带），东南进入漯川故道，流经今河南南乐，山东朝城、阳谷、聊城，至禹城离漯川北行，经今山东临邑、惠民等地，至利津一带入海。

从汉朝以后的三国到南北朝的三百六十九年间的黄河文献不多。唐武后久视元年（公元七〇〇年），在北岸开了一条支河分流入海，后人名为唐故大河北支。唐以后五代的五十三年间，河道决口则甚为频繁。

北宋初期至真宗天禧四年（公元一〇二〇年）的六十年间，决口地点先在滨县、无棣等滨海一带，以后则上提至滑、澶（今河南濮阳）一

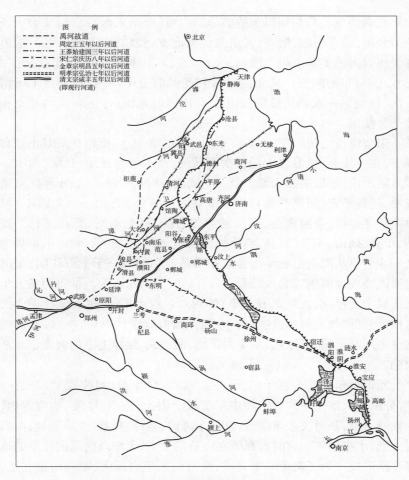

图1 历代黄河大变迁示意图

带,而其上的孟(今河南孟县)、怀(今河南沁阳)诸州也有决口。其后河道又常分支下泄。迨至仁宗庆历八年(公元一〇四八年)六月,黄河决澶州商胡埽,向北直奔大名,流经聊城以西,至乾宁军(今河北青县境)合御河(今卫河)入海,又称"北流"。它完全脱离了所谓"京东故道",即王莽始建国时所改行的河道。迨至仁宗嘉祐五年(公元一〇六〇年），黄河又在商胡埽以下的魏郡第六埽（今南乐西）决口，成为一条支河分流，经今朝城、馆陶，入唐故大河北支，经乐陵、无棣入海。这道在北流以南的支河也叫二股河，又称"东流"。神宗元丰元年（公元一〇九八年）东流断流。从北流以后到此时的五十年间，曾进行了所谓三次"回河"，一次回河横陇故道⑤，两次回河东流，并使东流与北流相互交替使用。

宋室南迁之初的建炎二年（公元一一二八年），杜充企图阻止金兵南下，在今浚县、滑县以上地带决开黄河，溃水经今延津、长垣、东明一带入梁山泊，然后由泗入淮。金王朝统治以后忙于战争，数十年间或塞或决，迁徙不定，河患严重。到金章宗明昌五年（公元一一九四年）河决阳武光禄村，全河南徙，经今延津、封丘、长垣、东明、曹县、归德、虞城、单县、砀山、丰县、萧县，到徐州合泗水，南下入淮河。黄河的形势为之一变。自从周定王五年迄金章宗明昌五年的约一千七百年间，黄河主要流经现今河道以北入渤海。只有短时由泗水入淮。惟自明昌五年迄清咸丰五年（公元一八五五年）的约六百六十年间，黄河流经现今河道以南，到徐州汇泗水，注淮河，东流入黄海。金代以后，决口、改道的地点也逐渐上移，以原武、延津为顶点，而原武、延津上下的河道也逐渐南趋。

元世祖至元二十三年（公元一二八六年）十月，河决原武、开封一带，分两路入淮。原武决水经中牟泛滥于尉氏、洧川、鄢陵、扶沟等地，由颖河入淮；开封决水东南流，泛滥于陈留、通许、杞县、太康等地，由涡河入淮，水患连年。这时首都即在今日的北京，天津以南通向江南的运河逐渐形成。为了避免河水北决，乱及山东境内运河，影响南粮北运，治河策略有所变化，直至清末。

成宗大德元年（公元一二九七年），河南杞县蒲口决口，泛水直趋东北，在归德以下流入明昌五年的河道，由泗入淮。顺帝至正四年（公元一三四四年）五月，在山东曹州西南的白茅堤北决，六月又北决金堤，水侵安山（山东东平），流入会通河（运河）及清济河故道，分东、北二股流向河间及济南一带，注入渤海。原来河道以北各县均被水灾。"方数千里，民被其害"⑥，达七年之久。但以破坏运河，乃派贾鲁治理，修筑自茅至砀山北岸大堤,大河经商丘、虞城、萧县,东出徐州小浮桥,由泗水入淮。后人又常称这条河道为"贾鲁故道"。

明朝和元朝一样,重视北堤,保卫漕运。太祖洪武二十四年(公元一三九一年),河南原武黑羊山决口,东南流由颖入淮。其后又有多次分几股入淮。孝宗弘治二年(公元一四八九年),黄河大决于河南开封及其以上各地,南流又分三股入淮,而北流由原武直趋阳武、封丘,流量占全河十分之七,至山东曹州,再北冲入张秋运河。五年后在北岸修太行堤,河回归贾鲁故道,但南岸还有分流。

其后,南岸各支流逐渐淤塞,大河始专由徐、沛经泗入淮。明隆庆年间,采取坚筑堤防,纳水归于一槽的方针,修筑开封以下南岸堤防,贾鲁故道的河槽始比较稳定。

清朝咸丰五年改道以前,大河虽仍经贾鲁故道,没有大变,但决口灾害极为频繁,泛滥范围非常广阔,南至淮河支流颖、涡、濉、泗和洪泽、高邮、宝应等湖,北及微山、昭阳等湖,以至大清河和河北省。终以淮河及其支流淤积严重,咸丰五年(公元一八五五年)六月,河决河南兰阳(今兰考)铜瓦厢,改行现在河道,已如前述。

注:

①康基田:《河渠纪闻》。

②潘季驯:《河防一览》卷二《河议辩惑》。

③《汉书·沟洫志》。

④岑仲勉:《黄河变迁史》,第六节,引"《水经注》,漯川通过今禹城、平原、陵、德平、乐陵、商河、惠民、青城、蒲台、高苑、博兴等县入海"。人民出版社,1957年。

⑤横陇故道为宋景祐元年(公元一〇三四年)从京东故道由横陇(今濮阳县东)决口南流,后又于长清回入京东故道。

⑥《元史·脱脱传》。

第二章　传说中的上古治水策略

大禹治水是我国流传最广的历史传说。据说已经是四千多年前的事了。虽然未见直接的文字记载，但古籍中对于这一传说的记述和议论则很多。自不免因写作时代和观点的不同，而在写作中各抒己见。然关于大禹治水的策略则大都以《尚书·禹贡》为本，考据家多认为《禹贡》是春秋、战国时代的作品。换言之，书的写作是在传说故事的大约一千五六百年以后，一般说来，也只能视为一家之言，供历史研究的参考。不过，后世则把《尚书》列为"五经"之一，因之特受重视。尤其是治理黄河的人，由于受"法先王"崇古思想的主导，直到清朝还把它视为"治河之圣经"①。由于经济发展的需要，后世治河虽然逐渐脱离了禹治水的路线，但在口头上还坚持要奉行禹道，还要用上古的这一治水传说，来指导治河的实践。

黄河是一条危害性很大的河流，禹治水的传说又如此广泛，可能在上古某一时期有过一次治水运动，而且在治水过程中，有失败的教训，也有成功的经验。人们歌颂治水的成功，汲取失败的教训，流传下来，完全是可能的。当然，这不一定是四千年前禹的故事，也不一定是一次治水的经验教训，而可能是长时期的治水总结，不过以禹来作为人民群众治水的代表人物而已。那么，除掉传说记述中的神化和夸大部分，便可以从事上古治河策略的研讨。

传说尧时洪水为灾，派鲧治水，失败了。又派鲧之子禹继承父业，成功了。禹受舜的禅让，成为部落联盟的首领，建立了夏王朝的统治（在公元前二十一世纪至前十七世纪左右）。从此打破禅让制，实行了"传子"的世袭制。

现在分别就上古社会，人类对于水灾所持态度的转变，鲧、禹所采用的治水策略及其成败原因，略事论述。

2-1　从逃避水灾到防御水灾

黄河下游平原,在人们的生活资料主要靠采集现成的天然产物,而没有定居的原始社会时期,对于洪水灾害主要采取了逃避的方式,就是所谓"择丘陵而处之"②,这是很自然的。但是,在人口日繁,生产力逐渐发展以后,人们便不能满足于上述办法,而逐步地采取了改造自然的措施。

根据考古学的发现和研究,在原始社会新石器时代的后期,农业生产已经成为我国社会的主要生产活动。从陕西西安市郊半坡村遗址的发掘和研究,就使我们比较清楚地看到六千年前人们生产和生活的一些情况。在这座遗址上发掘出来的新石器和骨器中,有斧、锛、凿、铲、镰、纺轮、刀、网坠、鱼钩和针等,此外还有大量的陶器。遗址中还发现了粟(谷子)的朽粒,类似芥菜或白菜的种子、榛子、松子、朴树子等植物的果核和蚌壳,以及大批的兽骨。这些遗物的种类和数量,反映了当时的社会经济状况:农业生产已经成为社会的主要生产活动,渔猎生活也有了新的发展,采集活动已经退居次要地位,作为取得生活资料的补充手段。由于农业生产要有固定的地区,而农业和其他生产活动的发展,又使人们的生活来源有了更大的稳定性,于是原始人便定居下来。为了生产和生活的方便,以氏族为单位,集体居住在河流和湖泊旁边。在自然条件良好的地区,村落的分布则又可能比较密集。

在河南郏县庙底沟发掘出来的六千多年前的陶器把手上,印有麻布的痕迹,这就说明大麻和苎麻的纺织业在当时已有了发展。此外,许多省都曾发掘出大量陶器遗物,它一方面说明了原始人类生活和生产的进化概况,同时也标志着制陶已作为一种重要的手工业,而出现在人类生活史上。

大约在五千年前,人们已用纯铜(亦称黄铜或赤铜)制造铜刀、铜锥等小工具。然由于铜的质地较软,所以铜制工具在以后没能得到广泛的发展。

原始农业生产方式的出现,对于社会的发展有着极其重大的意义。

它为人类提供了比较可靠的生活资料来源,引导人们从游牧生活过渡到定居生活,促使人们经常地、广泛地观察自然界的变化,从而推动了科学技术的发展。黄河下游大平原,无论就气候条件和土壤条件来说,都是农业发展比较好的地带,在原始社会的后期,农业已有了较大的发展。那么,人们对于洪水灾害的态度就必然发生较大的变化。最早的记述是共工采取"壅防百川,堕高堙庳"③的治河办法。

传说中的共工是人名,也是一个氏族名,又是一个官名。所谓"壅防百川,堕高堙庳",就是用土修筑堤埝一类的工事,或者从较高的地方取土或石,垫高较低的地带,以防范洪水泛溢的危害。人对自然灾害采取了斗争的态度。民间有"水来土埋"的谚语,它说明一个问题,用土来防水,是在生产发展到一定程度时的必然结果。这种治水方法的提出,是广大劳动者在与洪水搏斗的实践中创造出来的。不过以水官或部落首领共工为代表罢了。看来,上述治水的传说是可信的,所采取的措施也是客观条件所可能的。换言之,对于洪水灾害的态度,由逃避转为防御,是一个发展。当然,由于当时技术条件的限制,只能用历史眼光来看待这种发展和效果。至于当时具体的防灾情况,由于资料缺乏,则难以深究。

2-2 从障洪水到疏九河

传说尧、舜时代(大约在公元前二十一世纪)黄河下游连续发生过特大洪水。滔天的洪水泛滥于广大平原,包围了丘陵和山岗,人畜死亡,资财洗荡④。在洪水的严重威胁情况下,由尧主持,召集了有关部落首领聚会讨论,物色能治水的人。大家认为鲧有治水经验,公推他担任这一任务。据说,鲧治水采用了与共工相同的方法。"鲧障洪水"⑤"鲧作城"⑥,他率领群众连续奋斗了多年,却没有治服洪水,最后失败了。

接着,部落首领又聚会讨论,推举鲧的儿子禹,继续主持治水的工作。禹接受了他父亲的教训,还找到许多有治水经验的人共同工作。采取了另一条治水的方法,就是"疏川导滞"⑦,把河道疏通;"因水之流"⑧,顺着西高东低的地形,尽快地导水流入东海。《尚书·禹贡》关于禹治黄河的情况,作了如下的记载:"导河积石,至于龙门。南至于华阴,东至于砥柱。又东至于孟津,东过洛汭,至于大伾。北过降水,至于大陆。又北播为九河,同为逆河,入于海。""九"在古时一般指多数,不一定确指为九。可能由于大陆以下当时的经济状况和自然情势,允许黄河任其自然分流为几条支河入海。也就是说,这段采取了所谓疏的治理方法。至于"逆河",由于接近海岸,海潮上逆,一时河海难分,好似几条支河同为逆河流入于海。

从《禹贡》所述的"导河积石"来说,似乎夸大了禹的功绩。不过,治河应当有全局观点,不能只顾下游,后世对此论者殊少。《禹贡》作者仅从夸张出发,抑或有此认识,则难加妄测。禹之治水策略,从共工的"壅防百川"和"鲧障洪水"转变为"疏川导滞",是一大转变,而且取得成功。洪水平后,人们"降丘宅土"⑨,从丘陵高地迁到平原上居住、生产。禹受到舜的禅让,成为氏族部落的领袖。并且建立了夏王朝,成为我国第一个奴隶制国家。不过,对其治水效果则应从历史的眼光来看,不能过分地加以夸大。有人认为,禹治水后千载无患,则是不适当的。从大禹到春秋以前的一千多年间,文献中没有大洪水的记载是事实。但从大禹治水的措施和下游大平原的生成过程来看,黄河千多年间没有泛滥和改流的事情发生,则是难以想象的。商代都城多次迁移,大都在黄河左右。有人说迁都是为了远避洪水。这种关于洪水为害的间接记载,文献中还是有的。这一长期内劳动人民对于洪水的斗争,可能一概包括到禹治水的历史传说中去了。这里所要指明的是,汉朝以后把大禹神圣化了,在"法先王"的思想指导下,夸大禹的功绩,夸大"疏"的效果,认为"疏川导滞"应当是千古不变的治河策略。对后世则有重大的影响。

2-3 试论禹、鲧成败

后世论治河者,多抽象地从禹、鲧的成败论"疏"与"堤"的治河措施,鲜有涉及当时的社会经济情况和生产力的发展水平者。然以文献资料缺乏,居今日而议四千年前的历史传说,自有难着边际之感。不过,"疏"与"堤"是治河史上长期争论的焦点,从下游两岸长堤出现后,堤虽永没废除,但直到明朝中期才明确地表白筑堤对治河的作用,直到清初才提出在"师古"的前提下"酌今"行事。大禹治水策略的影响既如此深远,自不得不试探禹、鲧治河成败的原因。

首先,有人提出,孟子对于大禹治水已经作出了总评,即"禹之治水,水之道也"⑩。那么,我们怎样看待这一评论呢?还应先从孟子的哲学思想谈起。

孟子是我国战国时期的一位主观唯心主义哲学家。在认识论上,他宣扬先验论的观点。他承认有一种先天存在的知、能。他说:"人之所不学而能者,其良能也;所不虑而知者,其良知也。"⑪他认为,"学问"是一种单纯向内心探索的功夫,而不是对客观事物的学习。他说:"学问之道无他,求其放心而已矣。"⑫就是说,学问没有别的,只不过把那迷失了方向的善良之心找回来罢了。从这一点,我们也可以约略地明白,孟子这里所讲的"道",并不是从对客观事物观察研究所认识的自然规律,而是一种所谓"良知"、"良能"的表现。

再则,被后世所奉为"四书"之一的《大学》,第一句就是:"大学之道,在明明德。"他们并且把尧、舜、禹、汤、文(王)、武(王)、周公、孔子,尊为这个道统中的圣人。禹在他们心目中有着这样崇高的地位,就足以说明,禹已经是把迷失了方向的善良之心找回来了,是一个具备"良知"、"良能"的人了。

因此,对于《孟子》上述言论的含义就可作如下的解释:禹治水所行的就是"水之道"。也就是说,禹可以按照他的心意,"行其所无事"⑬地治水,他所行的自然就是水之道。换言之,孟子所讲的"水之道"与水流的自然规律不是一回事。在孟子的这种认识下,共工、鲧和其他人所行的便不是水之道。其结果,许多人便抱着迷信的态度,不考虑社会经济的发展和自然面貌的变化,向往着恢复"禹河故道",向往着"播为九河"的治水方法。其次是,抛开客观条件,单纯地就"疏"与"堤"来议论治河方略,抽象地议论两者的优劣。这种观点对于治河都起着不良的作用。

那么，鲧治水失败，而禹治水成功的原因何在呢？

根据传说，鲧、禹治水时间历经二十余年。但是，这二十几年的气象情况是难知的。只能认为这些年连续遇到暴雨，使洪水长期为灾。或者，黄河大流忽然改道，迁徙到他们所关怀和居住的地带。在这种情况下，鲧所采取的"作城"、"障洪水"的办法，防御不住高涨的洪水，抵抗不住急流的冲袭了。时值原始社会末期，居民点大都在滨邻湖河的较高地带。从共工氏起，大概就修筑了堰埂，把居民点以及附近的耕地，分别地区围起来了。就当时的生产工具说，如前所述，所筑堰埂的高厚，所填土质的坚实，都难以和后世的大堤相比，是可以断言的。鲧治水时，居民点也可能更多了些。他仍然采取共工氏的办法，依靠原始的土"城"，来障非常的洪水，可能就困难了。但他在多年与水斗争的实践中，没求改进，一仍旧贯，终以失败而告终。换言之，到了由原始社会行将过渡到奴隶社会的阶段，对于防范水灾的要求可能更高了一些，而当时"作城"、"障洪水"的技术条件则还有不足应付之处而失败了。

大禹治水接受了这一教训，采取了"疏"与"导"的方法，就是使大河下游能够比较畅通、顺利地东流入海，已如前述。同时，他也采取了"作城"的措施。如在大平原上的许多低洼聚水地区的周围，修了障水工事，既用以防范水的扩大，又起着滞蓄的作用，如《尚书·禹贡》所载的"九泽既陂"。禹治水之所以成功，不是由于他的"良知"、"良能"，恰恰相反，应当认为，他是在总结鲧治水的经验教训基础上，通过调查研究、辛勤劳动和斗争实践得来的。

《史记·夏本纪》载："禹乃遂与益、后稷奉帝命，命诸侯、百姓，兴人徒以傅土。行山表木，定高山大川。……左准绳，右规矩，载四时，以开九州，通九道，陂九泽，度九山。令益予众庶稻，可种卑湿。"从这里我们可以首先看出，禹治水是各氏族团结治水的事例。伯益是东方夷族的首领，后稷是管理农事的官员，同各路首领，率领广大群众治水。这样，即可汲取群众的治水经验，而且有各路首领协商研究，制定治水方略和具体措施。还用了最基本的测量工具"准绳"、"规矩"，以定地势的高下，经过长期的工作，才取得"开九州，通九道，陂九泽，度九山"和发展农业的成果。

禹治水是"因水以为师"⑭的。就是向水学习,探求水的客观规律,认识自然,改造自然。从水的自然趋势,逐渐地认识山川、沟壑、丘陵的地形,知道水之所自和水之所归,选择流势顺畅的河道,除去水流的障碍,增多泄水的出路。虽然那时对于这种认识和工作都是初步的、原始的,但是对于治水的发展必然起着推进的作用。

禹的治水,经过艰苦的奋斗。"劳身焦思,居外十三年,过家门,不敢入"⑮。"身执耒臿,以为民先。股无胈,胫不生毛,虽臣虏(奴隶)之劳,不苦于此矣"⑯。禹是这样在工作中忘我地劳动着,才使得"水由地中行"⑰,人们才得"降丘宅土",从丘陵搬到平原来居住和生产了。应该说,禹对于治水工作之所以能推动前进,正是从社会实践中得来的。

大禹治水的传说,对于我国水利事业起着巨大的推动作用。它鼓舞征服自然、防御水灾的勇气,坚定战胜干旱、开辟运河的信心。使我国早年的水利事业发生了灿烂的光辉。只是汉朝以后,把大禹神圣化了,因而思想受到束缚,事业进程也放缓了。而大禹治水的传说,或者说,几千年来劳动人民治水的业绩,则引导着人们前进,引导着人们在改造自然、利用自然的征途上奋勇前进。

注:
①靳辅:《治河方略·论贾让治河策》"大禹千古治水之圣人也,《禹贡》千古治河之圣经也"。
②《淮南子·齐俗训》。
③《国语·周语下》。
④《尚书·尧典》"汤汤洪水方割,荡荡怀山襄陵,浩浩滔天,下民其咨"。
⑤《国语·鲁语上》。
⑥《吕氏春秋·君守》。
⑦《国语·周语下》"高高下下,疏川导滞"。
⑧《淮南子·泰族训》"决江,浚河,东注之海,因水之流也"。
⑨《尚书·禹贡》。
⑩、⑫《孟子·告子上》。
⑪《孟子·尽心上》。

⑬《孟子·离娄下》"所恶于智者,为其凿也。……禹之行水也,行其所无事也"。

⑭《淮南子·原道训》"禹之决渎也,因水以为师"。

⑮《史记·夏本纪》。

⑯《韩非子·五蠹篇》。

⑰《孟子·滕文公下》。

第三章　封建社会上升时期的治河发展

　　春秋、战国直到西汉中期,是我国新兴的封建地主阶级夺取政权和巩固政权的上升时期。由于生产力的发展,促进了生产关系的变革,生产关系的变革又转而促进了生产力的发展。黄河这条桀骜不驯的河流,在此期间也发生了极大的变化,成为历史上的一个极为辉煌的时代。如上游后套地区灌溉渠系的开辟,中游泾、渭引水灌田的发展,下游两岸长堤的完成,引漳灌溉的创修(当时黄河曾合漳东北流),以及以黄河为总干的南北水运网的沟通等的治理开发事业,呈现出一派极为兴旺发达的灿烂景象。

　　到了西汉后期,封建制度已经得到进一步巩固,它所面临的任务不再是社会变革,而是加强对农民阶级的统治,进行残酷的剥削和压迫,以维护地主阶级的统治。地主阶级与农民对抗性的矛盾日益尖锐,因之也就阻碍生产力的发展,河患也日益严重。而在封建社会上升时期的基础上,这时又提出了许多宝贵的治河意见,然多停留在建议阶段。本章除略述各项兴利事业外,将着重论述封建社会上升时期治河策略的变化和新出现的问题及其有关意见。

　　在进一步论述之前,似应对于这一时期的河流情况,先作简要的介绍。

　　周定王五年(公元前六○二年),河决宿胥口(今淇河与卫河会合处),东行漯川,至长寿津(今河南滑县东北)与漯川别行,北合漳河,至章武(今河北沧县东北、盐山县西北一带)入海。参阅图2东周改道后下游水系示意图(括号中的地名为今地名,下同)。从此到汉初的约四百年间,黄河流经情况记述较少,各家对此研究所见,亦多有不同,兹不多叙。

　　汉文帝十二年(公元前一六八年)冬十二月河决酸枣(今河南延津县北),东溃金堤。武帝建元三年(公元前一三八年)河溢平原(郡故治

· 18 ·

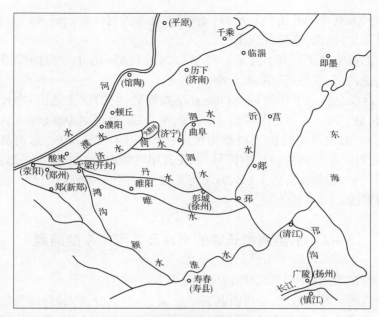

图2　东周改道后下游水系示意图

在今山东平原县南)。元光三年(公元前一三二年)春,河水徙,从顿丘
(今河南清丰县西南)东北流,后人每称为王莽河。又有的记载说,即
周定王五年所行的"大河故渎"。这年夏,河决濮阳(县治在今县城西
南)瓠子,东南流向山东巨野,入泗水,注淮河(二十余年后堵塞)。元
封二年(公元前一〇九年)河决馆陶(县治在今县城西南)沙邱堰,分为
屯氏河,东北流入海,广深与大河等。

元帝永光五年(公元前三九年)河决灵县(今山东高唐县南)鸣犊
口,东北流,穿屯氏河,在山东恩县以西分为两支。南支名笃马河,由今
沾化入海,北支名咸河,由今乐陵之北入海。成帝建始四年(公元前二
九年)夏四月,河决东郡(治濮阳,治所在今濮阳县南)金堤,淹东郡、平
原、济南(治东平陵,在今历城县东)、千乘(旧治城在今高苑县北二十
五里)四郡三十二县。派王延世堵决口。河平三年(公元前二六年)秋
八月复决平原,流入济南、千乘。鸿嘉四年(公元前一七年)秋,渤海

·19·

（治浮阳，在今河北沧县）、清河（治清阳，在今清河县东）、信都（郡治在今冀县北）泛滥，淹县邑三十一。

王莽始建国三年（公元一一年），河决魏郡（治在今河南临漳县西），泛清河、平原、济南，至千乘入海。

西汉二百三十年间的决口改道是频繁的，它的泛流范围，南侵泗水，北犯卫河。不过自荥泽而下，至浚、滑一带，河道则少变动。《人民黄河》一书把下述四次决口称为改道：元光三年瓠子决口，东南流注淮；元封二年馆陶决口的屯氏河；永光五年鸣犊口决口的两支入海；始建国三年魏郡决口，由千乘入海。可见这一时期的河流变迁较大，而且是频繁的。

3-1 下游两岸长堤的出现及其所带来的问题

现在先从黄河下游堤防的出现说起。

黄河下游的治理，是应听其自由泛流，并多支分流入海，还是应于两岸筑堤防守，并采取一些辅助措施，而由一条河道入海，则应由经济发展要求和科学技术条件根据河流情况而定，但却成为两千多年的治河史上从未休止的争论。这可能有两个原因：一是，在下游两岸筑堤之后，河患一直频繁严重，使人放心不下。二是，如前章所述，传说中鲧以"障洪水"而失败，禹以"疏九河"而成功。禹受到后世的高度崇敬。因之，也就使人憧憬于禹"疏九河"，千年无患的传说。但是由于经济发展的需要，下游两岸的长堤筑成后，却从来没有废除。在这种矛盾情势下，便引起"分疏"与"筑堤"无休止的争论。

关于堤的出现时期，也有多种说法。但是，应当把防护居民点的堤，或局部防水的短堤、围堤与下游沿河绵亘的长堤加以区分。前者必然有悠久的历史，正如传说中鲧的治水方法。而下游的沿河长堤，则是在经济和技术发展到一定的水平才出现的。当然也不是一时的突然出现，而是两岸不同河段经过长期的筑堤防护，于某一时期全部完成的。

贾让《治河策》说："盖堤防之作，近起战国。"①贾让对于下游两岸长堤出现时代的论断，是有道理的。因为春秋（公元前七七〇年至四七六年）战国（公元前四七五年至二二一年）正是我国从奴隶社会向封建社会过渡的大变革时期。正是由于生产力的发展引起了社会变革，生产关系的变革扫清了生产力发展的道路，战国时的社会经济呈现了前所未有的繁荣气象。这时人口大增，铁制工具广泛使用，不只农具种类增多，手工工具也都用铁冶制造，而且还发明了炼钢术，制造武器。同时，农业、手工业、商业都有较大的发展。在农业方面，大量开垦土地，讲求深耕、施肥。手工业分工细密，技术改进，且在冶铁业中出现了大富豪。由于商业兴盛，出现了许多大都邑和有集市的中等都邑。大盐商猗顿富比王公，名驰天下。大商人吕不韦终于参加了秦国的政权。在这样的经济繁荣情况下，必然不能让河水散漫乱流而不加以有力的限制。堤防正是保护生产的措施，也必然随经济的发展而发展。贾让所说的堤防，指的是沿河两岸有了较为系统的长堤，而不是局部的防御措施。再则，由于列国的逐渐合并，也为黄河下游修筑长堤创造了一个有利条件。因为，如果两岸有很多小国，利害意见不同，就必然难以完成有系统的长堤。此外，"水来土堙"是人与洪水作斗争的经验积累。筑堤技术必在传说中鲧失败以后不断总结提高。加以随着经济的发展，生产工具也必然不断改进，筑堤技术也就逐步提高。黄河下游的部分河段，在周定王五年宿胥口改道之前已有堤防。如襄王元年（公元前六五一年）齐侯会诸侯于葵丘（今河南兰考境）的盟约中，便有"无曲防"的规定②。所以，就战国时期的政治、经济、技术条件说，贾让上述的论断是完全有根据的。

堤防的出现，确是我国治河史上的一大进展。因为听其自然漫流、分支下泄，人则处于被动地位。尤其黄河淤淀较快，迁徙不常，任其在广大平原上纵横漫流，必难安心生产，因而阻碍生产的发展。堤防是人与水斗争的工具，人处于比较主动的地位，有较大的控制性。所以后世虽在采用支河分流的办法时，也从没废堤。

下游两岸绵亘长堤的出现，解决了生产发展中的一个问题，但却又带来了新问题。首先是，黄河是一条含沙量特大的河流。在修筑堤防以后，自由泛滥横流的灾害轻了，而河槽的淤积则加重了。不久河槽便高出两旁地面，成为地上河，而且河槽逐渐抬高，对两岸的威胁日益加重。决口后的危害也较一般河流为大,而且堵复困难,并有改道迁徙的可能。这就成为筑堤后的一个关键问题。这种情况已为汉时所熟知,如贾让《治河策》中所载:"河水高于平地",即其一例。其次,由于黄河流量的高低变差较大,洪峰的来临又较突然,在缺乏水文观测资料时,两岸堤距宽窄的选定不易。古时堤距多偏于宽,正如《治河策》所说,左右堤各距河二十五里。然由于河道占地较多,一年中河水只有短期漫滩,而且落淤肥美,初则有人在滩上从事种植,继而迁居,进而在大堤以内修筑围堤以自保。久之,重重围筑,缩窄水道,阻碍宣泄。三则,为了加强堤防安全,因调整水流所修建的工事,常引起不同地区的矛盾,甚或使河道恶化,如《治河策》所载,"为石堤"所引起的"再西三东"的局势,等等。这些也都是后世长期没有得到适当解决的问题。也正是使人对于堤防怀有摇摆不定态度的一个原因。再则,有堤就必须修缮防守。贾让说:"今濒河十郡治堤,岁费且万万。"又说:"民常罢于救水,半失作业。"虽事防守,仍不免有溃决,且必事堵塞之工。换言之,以堤防河,不是修了堤便完事,而是必须严事防守,加强整修。有人认为守堤如守边。河防是一项经常性的、必须时刻严阵以待的重大任务。那么,这就不单纯地是一个技术问题,或局部地区问题,而是关系到大局的问题。所以河防一直为历代最高统治集团所关心。

那么,黄河的危害是否因筑堤而增加了呢?当然不是。堤是一种防灾的手段。下游大平原为黄河冲积所成。若听其自然,在造地的过程中,它左右迁徙,南北横流,河口三角洲的无堤区便是其雏形,自非所许。所以在下游堤防出现之后,虽遇到一些困难,但从未废除。堤既不能废除,河患又极严重,应当如何处理呢?西汉末曾数次下诏征求治河方案。

3-2 贾让《治河策》

汉成帝绥和二年(公元前七年)[③],待诏贾让奏《治河策》。兹节述如下:

贾让的"上策"主旨是放弃旧道,人工改河北流。

"……夫土之有川,犹人之有口也。治土而防其川,犹止儿啼而塞其口,岂不遽止,然其死可立而待也。故曰:善为川者,决之使道,善为民者,宣之使言。盖堤防之作,近起战国。雍防百川,各以自利。齐与赵、魏,以河为竟。赵、魏濒山,齐地卑下,作堤去河二十五里。河水东抵齐堤,则西泛赵、魏。赵、魏亦为堤去河二十五里。虽非其正,水尚有所游荡。时至而去,则填淤肥美,民耕田之。或久无害,稍筑室宅,遂成聚落。大水时至漂没则更起堤以自救……今堤防狭者,去水数百步,远者数里……东郡白马故大堤,亦复数重,民皆居其间……河从河内,北至黎阳为石堤,激使东抵东郡平刚……百余里间,河再西三东……今行上策,徙冀州之民当水冲者,决黎阳遮害亭,放河使北入海。河西薄大山,东薄金堤,势不能远泛滥,期月自定……今濒河十郡治堤,岁费且万万,及其大决,所残无数。如出数年治河之费,以业所徙之民,遵古圣之法,定山川之位,使神人各处其所,而不相奸……此功一立,河定民安,千载无患,故谓之上策。"

贾让的"中策"为开渠引水,灌溉冀州农田;并另设水门,用以分洪入漳。

"若乃多穿漕渠于冀州地,使民得以溉田,分杀水怒,虽非圣人法,然亦救败术也。难者将曰:河水高于平地,岁增堤防,犹尚决溢,不可以开渠……议者疑河大川,难禁制。荥阳漕渠足以卜之,其水门但木与土耳。今据坚地作石堤,势必完安。冀州渠首,尽当印此水门。治渠非穿地也,但为东方一堤,北行三百余里,入漳水中,其西因山足高地,诸渠皆往往股引取之。旱则开东方下水门,溉冀州,水则开西方高门,分河流。通渠有三利,不通有三害。民常罢于救水,半失作业。水行地上,凑润上彻,民则病湿气,木皆立枯,卤不生谷。决溢有败,为鱼鳖食。若有渠溉,则盐卤下湿,填淤加肥,故种禾麦,更为秔稻,高田五倍,下田十倍,转漕舟船之便……此诚富国安民,兴利除害,支数百岁,故谓之中策。"

贾让认为,如按旧河形势"缮完故堤",则为"下策"。

"若乃缮完故堤,增卑倍薄,劳费无已,数逢其害,此最下策也。"

贾让的上策为改道北流,表达了他的治河主导办法:"徙冀州之民当水冲者,决黎阳遮害亭,放河使北入海。"黎阳为汉置县,故城在今河南浚县东北。黎阳以下所流经未详述,只说"西薄大山,东薄金堤"。而中策则为开渠引水灌田,并设水门分洪,"为东方一堤,北行三百余里,入漳水中"。总之,对于解决洪水问题来说,贾让的意见主要是人工改河北流,其次是分水北流,由漳水下泄。

现在再来看贾让对堤的态度。他反对筑堤吗? 否。他认为筑堤是最下策吗? 在某一定条件下,他认为是最下策,但在必要的条件下,还要筑堤。

有人看到他把"缮完故堤"列为"最下策",便认为他反对筑堤。又从上策的"治土而防其川,犹止儿啼而塞其口"看,认为他反对筑堤。现在试作进一步的分析。他在评论齐、赵、魏所筑之堤时,认为"虽非其正,水尚有所游荡",虽不满意,但并不完全反对。在建议改道北流后,又使之"东薄金堤",对已有的金堤,认为还可加以利用。至于中策的"但为东方一堤",则认为在必要时还可建新堤。因此,不能认为贾让无条件地反对筑堤。只是在当时的河流情势下,如果不采用他的上策和中策,而只知"缮完故堤,增卑倍薄",才是最下策。在作进一步研究前,再回头来看他把筑堤与塞儿口相比的意义。一般说,不能把筑堤比作塞儿口,因为堤有防水漫流的作用,又有导水下泄的作用。明朝潘季驯也不同意这个比喻④。不过在两堤之间修了重重围堤,缩小下泄孔道,使洪水拥阻难下,便与人以塞儿口的观感。贾让这比喻所指,决不是左右两岸各距河二十五里的大堤。至于下策所说的"故堤",是束窄河道成为"数百步"的堤,是指迫使"河再西三东"的堤。这样的堤,如不拆除或加以改善,而且日事"缮完"、"增卑倍薄",不应视为下策吗? 至于贾让对于这样的"故堤",为什么不提出拆除和改善的意见,而只加以斥责,可能有社会的原因,也可能有技术的原因,然以缺乏资料,不便妄测。总之,就《治河策》全文看,既不能认为贾让反对筑堤,也不能认为贾让无条件地视筑堤为下策。

说到这里,现引与贾让同时的领河堤平当的一段话,从事探讨。平当奏称:"九河今皆真灭。按经义治水,有决(分)河、深(浚)川,而无堤防壅塞之文。"建议"博求能浚川疏河者"⑤。平当的话是很有代表性的。"按经义治水"的指导思想,一直与封建社会相终始。在明朝中期以后,虽然明确地提出了筑堤治河的方针,但在"师古"的旗号下,这种思想依然盛行。从贾让《治河策》的整体看,也没有摆脱这种指导思想的束缚。有趣的是平当的职称"领河堤",它已足以说明堤在当时治河中的重要地位。由于河患频繁,而把思想寄托在"按经义治水"上,则是徒然的。

关于两堤间的距离,贾让的意见亦多为后人所遵循。他对于战国时,左右两岸各去河二十五里筑堤,认为"虽非其正,水尚有所游荡"。主张"宽立堤防"的人,常引此以为据。后来,又有窄河槽冲刷泥沙的理论,便引起堤距远近的争论。

3-3　各家筹河议

由于经济的发展,减免水患的要求日益迫切。在有堤防的情况下,各方提出了改道、分流、开支河与辟滞洪区等建议。然建议虽多,而终少采纳。当时既不满足于以堤防治河,认为它是"经义"以外之文,而对于"浚川疏河"之议又无所采择,甚至认为于"禹河"以南的改道方案,都与"经义"不合(见下文),岂不是自束手脚?看来,西汉后期已进入一筹莫展的境地,只有听其自然了。除贾让《治河策》已如前述外,兹再举数例。

在贾让言治河之前,即成帝鸿嘉四年,孙禁建议改河由笃马河入海。他认为这条河道入海里程近,水流顺利。这是一个从自然地理条件分析研究后的献议。而许商则认为此议在禹河以南,不可许。大官僚们都信从许商的话,改河之议遂不得行[⑥]。这是由于不符合"按经义治水"的教条而被否定的一例。

也是在贾让言治河之前,成帝初,冯逡曾提出开支河分洪的意见。他认为,清河郡(治清阳,在今河北清河县东)水灾严重,是由于分泄水势的屯氏河为黄河在鸣犊口决口后的改道所淤塞。建议疏浚屯氏河,"助大河泄暴水,备非常"[⑦]。他和贾让的中策建议类似,是在大洪水时分流,只是没有水门的控制而已。以后的韩牧则议重开九河,"纵不能为九,但为四、五,宜有益"⑧。这个"按经义治水"的建议也未被采纳。

为了停蓄盛涨,还有人提出滞洪的意见。王莽时,关并说:"秦汉以来,河决曹、卫之域,其南北不过百八十里者,可空此地,勿以为官亭民室"⑨,作为大水时放洪停蓄之地。这是一个辟滞洪区的设想,仍打着"闻禹治河时本空此地"⑩的旗号,但也未被采纳。

3-4 利用水力冲沙的创见

王莽时,张戎说:"水性就下,行疾则自刮除成空而稍深。河水重浊,号为一石水而六斗泥。今西方诸郡以至京师东行,民皆引河、渭山川水溉田。春夏干燥少水时也,故使河流迟,贮淤而稍浅。雨多水暴至则溢决。而国家数堤塞之,稍益高于平地,犹筑垣而居水也。可各顺从其性,毋复灌溉,则百川流行,水道自利,无溢决之害矣。"⑪这是史书上第一次记载以水力冲沙的理论和建议。

张戎认识到黄河含沙量大的特性,河槽逐渐淤高的危险性。同时还认识到单纯依靠筑堤,只能成为地上河,不能根本解决"溢决"的问题。他根据水流"行疾则自刮除成空而稍深"的理论,建议增加水流量以提高其挟沙能力。虽然河道比降未变,但由于流量大,深度加,流速亦增,达到"行疾"的要求。不过停止上游灌溉,对下游冲沙还难以产生决定性的作用。后世对于下游河槽淤高的危害性虽所洞悉,而对于这一问题的解决则少所探索。只是在一千五百多年后的明朝中期,才提出"以水攻沙"之说,并进行初步的实践。然由于缺乏水流、沙量的观测,更无以阐明泥沙运行的规律。仅从一般经验的概念出发,提出一些建议,因而治河长期陷入争论之中,而少所推进。

3-5 兴利事业的开发与停滞

贾让把引水灌田列为中策,并称通渠有三利:盐卤下湿之地可以填淤加肥;改种水稻,提高产量;可以行船,便利运输。这项建议虽未被采纳,而下游的开渠通航、上游干支流的引水灌田,则从战国时起,已大为发展。兹概略述之。

战国时的鸿沟就是以黄河流域为中心的巨大渠道网。《史记·河渠书》载:鸿沟"通宋、郑、陈、蔡、曹、卫,与济、汝、淮、泗会"。它的外围可以通淮河,并由吴国所修的邗沟、堰渎和胥浦通长江、太湖,以至于海。至于鸿沟通黄河的地点,各书记载不一。可能由于黄河多变迁,不同时期的衔接处有所更易的缘故。这个航道网对于我国古代经济、文化的发展和国家的统一都起过巨大的作用,下章还将详加论述。

许多著名的、宏伟的灌溉工程,也都是在这个社会制度变革时创建的。就以黄河干支流及其附近一带说,有引漳的西门豹渠、引泾的郑国渠和关中其他诸渠。在黄河上游河套一带,经历代修整而仍使用者,有秦渠、汉渠、汉延渠(汉源渠)、唐徕渠(为唐朝因汉光禄渠改修而成);还有一些史书上有所记载而以后废弃了的渠道。不过,在黄河下游大平原上,贾让根据当时经济发展的需要和各地的实践,提出了治渠溉田的建议,则是历史上的首创,但一直未能实现。当然,下游河道泛滥迁徙不常,也是一个原因。但就全河来看,也还有其他的原因。封建社会上升时期所兴建的灌渠多是大型工程,灌区较大。但它与小农经济的管理则不相适应。小农经济利于分散经营,而大灌区则须统筹管理,这在当时是难以调和的。加以黄河干支流多属善淤、善徙的水道,管理修整则更加困难。西汉以后的大型灌区少所发展的原因,也可能与小农经济结构有关系。

在封建社会时期,还有个影响治河发展的因素,就是封建统治集团的极端利己主义。在治河中往往不能为广大人民的利益着想,而只从其狭隘的利益出发。今以田蚡、王莽的例子为证。

汉武帝元光三年(公元前一三二年)五月,河决瓠子(今河南濮阳西南),洪水改向东南行,经泗水注淮河,泛滥十六郡。武帝正忙于对匈奴作战,虽曾堵口但没成功。当时丞相田蚡的封地(帝王所给的土地)在鄃(今山东平原县西南)。河徙后,他的食邑不再遭水灾,便对武帝说:"江河之决皆天事,未易以人力为强塞。塞之未必应天。"[12]就没有再继续堵塞。田蚡以"天命说"来为个人利益服务,主张大河南流。但由于水灾严重,在决口的二十三年后,武帝才亲临决口堵塞,使河挽归故道。

王莽始建国三年(公元一一年)河决魏郡,改向东南流,由千乘入海。王莽认为河改道后,他的元城(今河北大名)祖坟可不再受水灾,遂不事堵塞[13]。造成了黄河的大改道。

封建社会初期,我国黄河流域的经济极为兴盛,防洪、灌溉、航运亦多所创建。对于黄河的治理和建议,从原则上说,涉及面较广。在以后长期的封建社会中,对于黄河的认识,随着时代的前进虽亦有所发展,但每难逾初期的范畴。也就是说,在以后的长期中,发展是迟缓的,甚至有时是停滞的。

注:

①、⑤、⑥、⑦、⑧、⑨、⑩、⑪《汉书·沟洫志》。

②《孟子·告子下》。

③关于贾让奏《治河策》的年代,有的记为汉元帝绥和二年(公元前七年),有的记为"哀帝初",而不及其年号。公元前七年是元帝逝世、哀帝即皇帝位之年。此事可能即出哀帝即位之初。

④《河防一览》卷二《河议辩惑》里,潘季驯有以下的论述:"逆水之性,以邻为壑,是谓之障。若顺水之性,堤以防溢,则谓之防。防之者乃所以导之也……故堤之者欲其不溢而循轨以入于海也……河以海为口,障旁决而使之归于海者,正所以宣其口也。"

⑫《史记·河渠书》。

⑬《汉书·王莽传》。

第四章　治河并以沟通南北水运的成就

我国古代开凿运河、沟通水系以利交通的事绩,在水利史上占有很重要的地位。《禹贡》导水一章,集中地叙述了当时九州达于黄河的水道运输路线。古代人工运河的开凿和不同水系的沟通,主要有两种作用:一是,经济交流,贸易往来,有时又主要为供应帝都"官俸军食"之所需,进贡各地土物的孔道;封建社会中期以后,这项要求更日见迫切。二是,"转漕给军",为战争服务,春秋、战国和三国割据时的水系沟通工程甚为发展,盖由于此。黄河流域为我国古代政治、经济中心,所以水运系统常以黄河为主干。在古代陆运比较困难的情况下,水道的开辟则甚为重要。

发展以黄河为骨干的水运必须治理黄河。一则除去黄河险阻;再则求得河道稳定;三则减轻泛滥灾害;四则利用河水沟通两旁水系。所以古代水运的开发常与黄河的治理有密切的联系。

周定王五年(公元前六〇二年)黄河从宿胥口(今淇河与卫河合流处)向右迁徙以后,又一次大变迁为王莽始建国三年(公元一一年)改行的河道。这时河决魏郡(治邺在今河北临漳一带,一说在今河南南乐附近),东南进入漯川故道,经今山东观城、阳谷、聊城,到禹城离漯川北行,经临邑、惠民等地,东南流到利津一带入海。至于南乐以上的河道,仍为周定王五年所行的河道,即自河南孟津而下,经新乡、滑县、浚县,至濮阳。一般认为,王莽时所改行的河道,历经三国、南北朝的动荡时期,一直维持到隋、唐以后。

本章除略述春秋、战国以迄隋朝约一千年间,沟通黄河南迄余杭、北达涿郡的水运外,着重论述东汉初王景理汴渠、治黄河的事绩,用以说明发展水运(漕运)的重要意义及其与治河的关系。

4-1 通向江、淮的邗沟与鸿沟

黄河下游在没有筑堤,或筑堤而没成为绵亘长堤的时候,大平原上的许多东注河流常与黄河相通,如右岸著名的济水,文献中就常有这样的记载。在某一时期,这完全是可能的。因之,济水便成为黄河沟通江、淮的关键水道。但是,如果说济水源出黄河的左岸,则似属虚构。因与本文无关,且不多论。再则,黄河下游大平原古时湖泊较多,如河南的荥泽、圃田泽、孟诸泽,山东的菏泽、大野泽、雷泽,等等。还有一些沿低洼地带自然生成的排水河,或人工开挖的水道。如菏水,文献中有的认为乃菏泽东流之水,经今金乡县以北,东注入泗。至于菏泽,乃济水东出所潴而成①。不过,今天这一带则毫无济与菏的形迹可寻了。盖以黄河长期的决口泛滥和迁徙改道,下游大平原的地形有着显著的变化。惟今日的山东定陶县原为汉置济阴治所在地,犹可作为考证的依据。这一地带虽仍有排水河道,如赵王河、万福河,东流注微山、昭阳诸湖,但迥非济、菏故迹。近年以引水溉田,并开展农田基本建设,来去的水流系统必将更有一番变化。

所以略举上述情况,是为了说明两个问题:一是,根据某一时期的自然形势,有沟通黄河与东南水系的自然条件;二是,黄河下游大平原的面貌时有变迁,则水系的沟通情况亦必时有变化,且有时甚至阻塞。由于古今情况不同,所以对于邗沟与鸿沟等古运道,亦仅略述梗概,以示其促进黄河流域经济发展、沟通南北交流的作用而已。

春秋末期,吴王夫差战胜楚、越之后,欲率军北上与齐、晋争霸,乃开邗沟以通江、淮。《水经·淮水注》记载:"中渎水(即邗沟)自广陵(今江苏江都)北出武广湖东、陆阳湖西,二湖东西相直五里,水出其间,下注樊梁湖,旧道东北出,至博芝、射阳二湖,西北出夹邪,乃至山阳(今江苏淮安)矣。"因后于三国时改道由樊梁湖以北直经白马湖入淮,所以文中称由樊梁湖东北出,至博芝、射阳二湖为"旧道"。邗沟的开辟,乃因苏北水流湖泊的自然形势加以沟通而成的水道,并非全为人工所开。邗沟开后,可由江通淮,由淮入泗,经菏、济以达河。长江以南还有胥溪（堰渎）通太湖，太湖以东有胥浦通大海。秦时，又将长江支流的湘水与珠江支流的桂江，以灵渠沟通。这样，到秦朝统一时，已把东西向的几条大河以南北向的渠系贯通起来了。乃是我国水利史上的一件大事。

鸿沟是战国中期魏国兴修的一条水道。当时魏惠王欲争霸诸侯，于迁都大梁（今河南开封）后两次兴工，沟通黄河与淮河的一些支流，主要为颍水，发展了对东南的水运交通。

当时黄河由今河南原阳，经濮阳、南乐东北流入海，离开封较远。黄河以南的济水虽与河相通，但须绕道菏、泗入淮。魏惠王乃引河水注圃田泽，并开沟经大梁，折而南下，与淮的支流丹（古汴水，见《水经注》）、睢、涉相通，更南于今河南沈丘入颍。《史记·河渠书》载："荥阳下引河，东南为鸿沟，以通宋、郑、陈、蔡、曹、卫，与济、汝、淮、泗会。"经淮河则可转邗沟，达长江，通东海。由大梁东北向，可由济水通渤海，又可经济、淄运河达齐都临淄（在今县东北）。因此，鸿沟不只对魏国的政治、军事、经济起到重要的作用，而且推动黄河下游和淮河南北社会经济的发展。沿上述各水道便出现了一些名都大邑。如济、菏交会处的陶（今山东定陶），商业发达，号称天下中心。其他如鸿沟绕行的大梁，齐都临淄，濮水之滨的卫都濮阳，颍水之滨的韩都阳翟（今河南禹县），淝水入淮处的楚都寿春（今安徽寿县），睢水之滨的睢阳（今河南商丘），丹水与泗水交会处的彭城（今江苏徐州），等等，都成为当时的大都会。当然，由于各国割据，鸿沟还不能充分发挥其应有的作用。秦统一后，对之又加以修整，其效用则更得发挥。

后世以"害河"闻名中外的黄河，在上古时期，经过劳动人民的长期斗争，黄河流域成为我国的文化摇篮，而在封建社会的萌芽和上升时期，又使黄、淮间的水运四通八达，成为工商业发展的中心地区。事在人为，经过劳动人民的改造利用，"害河"对于我国社会的发展起着积极的重大作用。古人治水的光辉业绩，正鼓舞着人们前进。

4-2 沟通东南水系的汴渠

鸿沟在西汉时期虽仍通航,但已逐渐为汴渠所取代。东汉而后,汴渠则成为沟通东南水系航运的主干,而且历时甚久。

汴渠又称汳水。它的上游为古荥渎,又曰南济,在荥阳称蒗荡渠(即鸿沟)。东流至大梁(今河南开封)为汳水,经睢阳(今河南商丘)北境,至江苏徐州合泗水入淮河。大梁以上的名称虽异,实即为古时济水、战国时鸿沟所经。它与黄河相通的地点,在黄河出山后,进入冲积大平原的首部右岸。在下游无堤防时,这一带地形经常变化。筑堤之后,支河分流的渠首一带因受黄河左右摆动影响,亦时有变迁。所以对于汴渠上游的所谓荥渎、南济、鸿沟等水道,亦只能谓其约略相合。这条汴渠大致为金明昌五年(公元一一九四年)黄河所流经。此后大河所经,大致为清朝咸丰五年(公元一八五五年)河南兰阳铜瓦厢决口改道以前的黄河河道,今称废黄河。那么,废黄河是否即为古汴渠所经?在这次黄河行经的七百六十一年间,黄河曾左右移动,地形亦有变迁,可能与古汴渠不完全相合,但大致相近。对于这期间黄河移动的情况,以后还将在有关章节述及。至于唐、宋时代的汴渠,则为隋朝所开的通济渠,与古汴渠不同,它在今商丘以南改向东南流,经安徽宿县、灵璧,于泗县东注入淮。

今先略述东汉初治河、理汴的起因与经过。

西汉末,王莽夺取刘氏统治权。统治阶级内部矛盾日深,阶级斗争亦形尖锐。赤眉农民起义,刘秀举兵反莽。公元十一年的魏郡决口既未堵塞,所行新道亦未整治,任其漫流。东汉初虽有意着手治理,但又顾虑"新被兵革,方兴役力,劳怨既多,民不堪命"[②],作罢。明帝在修汴渠后的诏书中,追述当年河、汴情况,说:"自汴渠决败,六十余岁。加顷年以来,雨水不时,汴流东侵,日月益甚。水门故处,皆在河中。潆潆广溢,莫测圻岸。荡荡极望,不知纲纪。今兖(今山东西南部与河南北部一带)、豫(今河南南部一带)之人,多被水患。"[③]汴渠的长期败坏,显然为黄河南侵所致。其败坏情况和兖、豫人民所受灾难是很严重的。这时，各方又提出治河要求，但对于治河方案则引起争论。一方面认为，黄河南侵为水势所趋，"河流入汴，幽、冀蒙利"，反对导河北向。另一方面则主张减轻兖、豫灾难，疏通汴渠水运，要求引水北归。久不得决。到了明帝永平十二年（公元六九年）又议修汴渠，乃派王景、王吴前往。

《后汉书》中的《明帝纪》与《王景传》对王景、王吴的记载则稍有参差。《明帝纪》载：永平十二年"夏四月，遣将作谒者王吴修汴渠，自荥阳至于千乘海口"。而前引永平十三年夏四月、汴渠成后的明帝诏中，亦只说："今既筑堤、理渠、绝水、立门，河汴分流，复其旧迹，陶丘之北，渐就壤坟。"但不及筑堤、理渠之人。而《王景传》中则兼及王景与王吴二人。传中除称赞王景"广窥众书，又好天文术数之事，沈深多伎艺"外，又载："时有荐景能理水者，显宗（指明帝）诏与将作谒者王吴共修作浚仪渠④。吴用景堨⑤流法，水乃不复为害……永平十二年，议修汴渠，乃引见景，问以理水形便（按：意即理水形势与便利方法），景陈其利害，应对敏给。帝善之。又以尝修浚仪，功业有成，乃赐景《山海经》、《河渠书》、《禹贡图》及钱帛衣物。夏，遂发卒数十万，遣景与王吴修渠，筑堤自荥阳东至千乘海口千余里。景乃商度地势，凿山阜，破砥绩，直截沟涧，防遏冲要，疏决壅积，十里立一水门，令更相洄注，无复溃漏之患。景虽简省役费，然犹以百亿计。明年夏，渠成。帝亲自巡行，诏滨河郡国置河堤员吏，如西京旧制。景由是知名。"

若以《王景传》为准，则王吴修浚仪渠当在永平十二年之前，王景且曾参与其事。而《明帝纪》所载："王吴修汴渠，自荥阳至千乘海口"当属沼河。永平十三年明帝巡行河、渠事，亦记于《王景传》中。不过诏书未及修渠之人，而传中则明确指出"遣景与王吴修渠"。由此可见，他们二人都曾参加修浚仪渠和修汴渠之事，前者由营造官王吴主其事，后者以无官职、能理水的王景功绩较大，因而"由是知名"。

这次修汴渠的成绩为"筑堤、理渠、绝水、立门，河、汴分流，复其旧迹"。明确指出这次工程包括理渠与治河二者，并且对于这一行动作出总结性的评价。汴渠之所以败坏，是由于河在魏郡决口改道后的六十年间，受泛流侵袭，未得治理所致。因之，理汴必先治河。治河则必先筑堤,以固定河道。所以"筑堤自荥阳东至千乘海口千余里",是一项首要任务。后人常把魏郡决口后的大改道定为永平十二年,而不是王莽始建国三年,就是因为长期的泛滥横流,这时才使"河、汴分流",安定下来,是治河史上的一件大事。所以后人也常把这次"修渠"称为王景治河。因之,也就有人认为,这次行动是以治河为主。

诚然,河不治则汴不得治,治河是前提。同时,治河又能使兖、豫两州得以安宁。应该说,这次行动的效果,治河占有重要地位。但理渠则是决定这次行动的主因。文献多次申明这一点。换言之,必须维持汴渠这条航道。这时大河南侵及汴,而汴渠在后世又曾长期为黄河所夺,如前所述金明昌五年的变迁。说明黄河改行汴渠是完全可能的。而这次所以不采取"河流入汴"的路线,就是要维持这条沟通东南水系的航道。大河"入汴"与北回的争论,也是因"理汴"而息的。由此也足以说明维持水运的重要意义。因之可以这样说,这次行动的出发点是"理汴",而"治河"效果的影响则很大。似乎不必对二者再定主次之分。

王景治河迄唐末的八百余年间,水患的记载较少,王景在当时且已受到赞许,因之,后人每把文献中的工程措施划入治河的范畴,并欲从中探求治河的技术。所引起的一个争论问题,是对于"十里立一水门"的解释。近代有人认为,水门是设在黄河内堤上的⑥;有人认为,是设在汴渠左堤上的⑦。他们都是根据泥沙运行规律,认为在黄河内堤或汴渠左堤多立水门,洪水涨时,水由门外泄,泥沙淤积堤外,水落后清水洞注,既可加固堤防,又可冲深河槽或渠道。这些设想都有研究价值,但与当时情况似难相符。王景治河、理汴为时仅一年,即令只修黄河改道后的下游大堤,亦必在一定的基础上才能于一年内完成。能否沿河修内外两道堤,并于内堤再多立水门,诚属疑问。再就当时立水门的技术说,"但木与土耳",这是不久前贾让对荥阳水门的叙述(见第三章二节《治河策》)。沿堤多立这样的水门,能否不遭受洪水冲击的破坏,而起到"更相洞注"的作用,亦有待研究。至于在汴渠左堤设立水门,也存在同样问题,且须假定河、汴平行东注,才能使泥沙淤于汴渠左堤与大河右堤之间,以便达到汴渠"无复溃漏之患"的目的。但除汴渠引水口一带与大河较近外,以下二者则相距甚远。所以必须加修许多工程,才能使汴渠左堤的水门取得"更相洄注"的作用。因之,上述对水门解释的两种议论纯是设想。

就实际情况看,所设水门可能均在渠首,而且不只两个。河势善变为人所共知。不只河流主槽常有变动,即洪水与低水的主流所经,亦每不同。在当时的技术条件下,多设水门以保证经常引水,则是必要的。这样安排,对于"更相洄注"亦可解通。再则说,"十里立一水门",也不仅指两个水门。贾让《治河策》的中策,论及在淇口于黄河左岸开渠溉冀州,并以分洪流时,说:"今可从淇口以东为石堤,多张水门。"既是"多张水门",便不仅是"东方下水门"与"西方高水门"两个,而是东西方都不只一个水门。贾让并且说到"荥阳水门"。多设水门亦可能是荥阳汴渠引水口的原有经验。即或不然,王景亦必能注意到贾让的议论,而加以汲取。至于"无复溃漏之患"则指前述各项工程的综合效果,不是只对立水门而言。

再则,后人对于王景治河,常有"千年无患"的评价。如"功成,历晋、唐、五代千年无恙。其功之伟,神禹后所再见者"⑧。东汉迄唐,文献对于河患的记载较少,这一时期史书亦无《河渠书》之类的专篇。但是否全为王景治理之功效,则有待研究。

据《人民黄河》一书的统计,秦、汉四百四十一年,决溢记载十七次,平均二十六年一次。三国到南北朝的三百六十九年,决溢记载仅五次,平均每七十四年一次。隋、唐三百一十八年,决溢记载三十二次,平均十年一次。五代短短的五十三年中,决溢记载达三十七次,平均一年又五个月一次,成为前所未有的记录。从上述统计的平均数字看,隋、唐决溢记载实较秦、汉为高。记载少的时期,似为自东汉永平十二年,历经三国、南北朝的五百一十九年。至于这一时期决口记载少的原因,近代各家多所论述,自成一家之言。似尚有待进一步的研究探讨。而王景治河结束了近六十年的河水泛滥,改善汴渠的漕运,成绩是卓著的,只不宜夸大其影响而已。

还有一点须加说明,水灾的轻重不能只以决口记载次数的多寡为衡。例如,前述王莽始建国三年的决口改道,泛滥近六十年。在此期间虽再无决口的记载,而灾情的严重可以想见。这类例证还不少。而在长期局势紊乱、战火遍地的时代，即使决口记载较少，亦难保河流正常。所以决口次数的记载只是黄河灾难的一个指标，而难以表达其治乱全貌。

至于汴渠所起的作用，东汉文献的记载不多。西汉初，张良劝刘邦都关中时，曾经说："夫关中左崤、函，右陇、蜀，沃野千里。南有巴蜀之饶，北有胡苑之利。阻三面而守，独以一面东制诸侯。诸侯安定，河、渭漕挽天下，西给京师。诸侯有变，顺流而下，足以委输。此有谓金城千里，天府之国也。"⑨所谓"河、渭漕挽天下"指货运；所谓"顺流而下，足以委输"则指军运。河出荥阳，或顺河、济向东北，或沿鸿沟、汴渠下东南，水运畅通。诚如张良所见。武帝时，每年漕运四百万石谷供关中，最多时达六百万石⑩。当然，其中有多少来自东南，经鸿沟、汴渠输送，尚不得知。后以渭水浅涩，屡修漕渠，河有三门之险，数经开凿，然仍多险阻。东汉迁都洛阳，水运益便，惟漕运则少所记载。迨至唐、宋，汴渠漕运则称极盛。

4-3　贯通东北水系的白沟

从东汉末的三国割据，历南北朝的约四百年间，是一个由分裂到统一的大动荡时期。从西晋覆没（公元三一六年）到北魏统一我国北部（公元四三九年）的一百二十余年间，黄河流域的经济遭到严重的破坏。而长江流域，则由于黄河流域劳动人民的大量南迁，带着北方比较进步的生产技术来到南方，在其原有的生产基础上，加入了新生力量。加以长江流域的自然条件好，又有二百七十余年比较安定的政治局面，经济有着显著的发展。后经隋朝统一，封建社会经济益为繁荣，产生了比两汉更为强大的唐朝。

三国时期，战争频繁，水运及屯田均有所发展。曹魏缺粮严重，乃采用屯田办法。建安元年（公元一九六年），曹操挟汉献帝由洛阳迁都许昌。为了解决军食民需，巩固个人权势，发布了"屯田令"，开始在"许下屯田"，并在力所能及的州郡推行。这时的屯田与秦、汉不同，由边塞转向中原内地，由以军屯为主转而为以民屯为主。孙吴也在江北一带实行屯田。因之也就促进了灌溉事业的发展。又以转漕给军的紧急需要，沟通水系间的人工运河也就有所发展。"积谷通渠"便成为当时一项重要的政治任务。

建安七年（公元二○二年），曹操行军至浚仪（今河南开封），在浚仪与睢阳（今河南商丘）之间"治睢阳渠"。其后曹魏在河、淮之间修贾侯渠、讨虏渠等。这些渠道的兴建，也可以说是对于汴渠和鸿沟的维修和发展。这时又对江、淮之间的邗沟进行改建，北由淮安末口入淮，航程大为缩短。为此，每当"东南有事，大军兴众"之时，便可"泛舟而下，达于江、淮"。

黄河以北的人工运河，始于建安九年。曹操率军渡河，进攻袁绍余部，于今河南淇、浚一带的淇水入河处，筑枋堰，"遏淇水入白沟，以通粮道"⑪。木石参用，且贯以铁柱⑫。其具体结构不详。然以修筑枋堰，地亦遂称枋头。白沟下接清河，即今卫河，东北流。

建安十一年（公元二○六年），曹操北征乌桓，"凿渠自滹沱入泒水"（泒音孤，即沙河，为潴龙河上游），名平虏渠；又从泃河口（泃音旬，源出蓟县，由宝坻入蓟运河）凿入潞河（今通县以下的白河），名泉州渠以通海⑬（泉州县在今天津武清县东南）。

建安十八年（公元二一三年），曹操为了改善其封地邺城的交通条件，"凿渠引漳水入白沟以通河"⑭。邺城可由此渠经白沟，通黄河，达江、淮。

白沟由淇口东北流，便贯通了西来诸水，直达天津入海，沟通了黄河与海河水系的水运。

为了改善关中和洛阳之间的水运，魏明帝景初二年（公元二三八年）和晋武帝泰始三年（公元二六七年），先后两次整治三门峡险阻，疏通航道。后来为了避免三门之险，又于泰始十年（公元二七四年）"凿陕南山，决河东注洛，以通运漕"⑮。可惜所记不详，难以查考。

西晋亡后，司马睿于公元三一七年在江南建康（今南京）重建晋朝，史称东晋。其后百余年间，东晋王朝与占据北方的各政权在河、淮之间作战，又开凿了一些人工运河。东晋太和四年（公元三六九年），桓温伐燕，因"亢旱，水道不通"，在今山东西南部，"凿巨野三百余里以通舟运,自清水(即济水)入河"⑯。同时,还"引汶会于济川"⑰。桓温于是溯泗而达于山东金乡,又通过渠道入济水,在四渎口(今山东茌平一带)入黄河。溯黄河以达枋头。还派另一部队溯汴水而上,占领谯(今安徽亳县)、梁(今河南商丘)。

北魏迁都洛阳后,对于河、淮之间的水道进行了整理和开发。

以上仅略叙这一时期黄河下游各地区的漕渠修建。至于陂塘的兴筑和灌渠的开凿,亦极发达,兹不多述。总之,这一地区为黄河长期冲积所成,古今地形变化较大。因之,欲详考文献所载渠系的地理和工程情况,实所难能。但因此已可了然于当时渠系发展的概况。

4-4 南迄余杭的通济渠、江南河与北达涿郡的永济渠

隋朝的建立,结束了我国长期分割的局面,实行各种巩固统一的措施,使社会呈现繁荣景象。

隋朝建都长安(今陕西西安)。把黄河下游大平原和江南的粮食、货物运入关中,供应政治中心之所需,便成为当务之急。乃在前代人工运河的基础上,开凿了以黄河为总汇,南迄余杭(今浙江杭州),北达涿郡(今北京附近),跨越江、淮、河、海,长达约五千里的大运河。这样便以黄河为纽带,把我国南北广大地区联系起来,对隋朝以后政治、经济、文化的发展起着很大的作用。

隋文帝开皇四年(公元五八四年),因"渭水多沙,流有深浅,漕者苦之"⑱,乃令宇文恺率水工开凿广通渠,"引渭水,自大兴城(今陕西长安),东至潼关,三百余里"⑲。又于开皇十五年(公元五九五年),"诏凿砥柱"⑳,力图改善黄河三门峡通航条件。后于隋炀帝大业七年(公元六一一年),砥柱崩,压河水倒流数十里,工程归于失败。开皇七年(公元五八七年),隋文帝还派人"于扬州开山阳渎"㉑,南起江都县的扬子津,北至山阳(今淮安古末口),也就是对于三国时曹魏改建后的邗沟加以维修和疏浚,通达江、淮。

隋炀帝继续前业,续修了三条与上述工程相衔接的运河,即通济渠、永济渠和江南河。参阅图3通济渠、永济渠示意图。

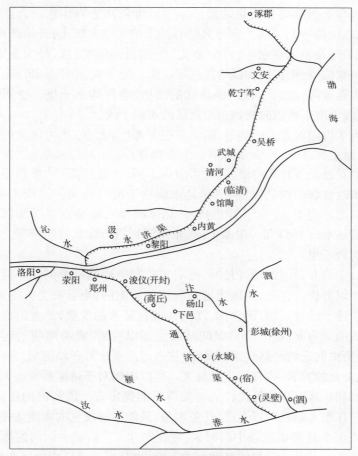

图 3 通济渠、永济渠示意图

大业元年（公元六〇五年），隋炀帝征集河南、淮北诸郡民夫百余万人开凿通济渠，自"西苑（今河南洛阳）引谷、洛水达于河"，再自"板渚（今河南荥阳氾水镇北）引河通于淮"[22]。"所开渠宽四十步，河畔筑御道，树以柳"[23]。通济渠由今荥阳、开封间与汴水合流，至今杞县以西与汴水分流，折向东南，经今商丘南、永城、宿县、灵璧、泗县，在盱眙以北入淮水。通济渠在今商丘以下与东汉的汴渠入泗不同，避开了弯曲的泗水和徐州洪与吕梁洪之险。不过后世仍称之为汴水。大业六年（公元六一〇年），又在三国孙吴已有运道的基础上加工，开凿江南河，"自京口至余杭八百余里，广十余丈"[24]。自长江的镇江，经太湖以东，经苏州到杭州，把长江和钱塘江连接起来。通济渠、山阳渎和江南河便成为沟通黄河、淮河、长江、钱塘江的漕道，全长约三千里。连同广通渠，便成为由京师通向我国东南地区的水运干线。

为了巩固对北方的统治，隋炀帝把涿郡（今北京）作为东北的军事重镇，派重兵驻守，并凿永济渠。大业四年（公元六〇八年），"发河北诸郡男女百余万开永济渠，引沁水南达于河，北通涿郡。"[25]永济渠也就是三国时曹魏白沟的发展。"引沁水南达于河"，使黄河以南来船，可由沁口溯沁而上，经永济渠北上。"北通涿郡"，就是在今天津以北利用一段沽水（白河）和一段桑干河（永定河），进入今北京市郊区。永济渠长约两千里。

对于隋开运河的功过是非，是史家长期争论的一个问题。应当全面地加以分析。首先，我国漕运是有悠久历史的，而且有实际的需要，已如前述。经过三国、南北朝，江南经济有显著的发展，北方治安急待加以巩固。为此，在旧有漕渠的基础上加以发展，成为隋朝的运河系统，是历史前进的必然结果。再则，这一运河系统对于以后唐、宋政治、经济、文化的发展，也有其重大意义。所以唐朝对于运河系统还大力加以维修和扩展。马克思说："人类始终只能提出自己能解决的任务，因为只要仔细考察就可以发现，任务本身，只能在解决它的物质条件已经存在或至少是形成过程中的时候，才会产生。"[26]隋朝大运河的兴建正是在过去长期经验积累的基础上产生的，也是根据形势的发展产生的。

另一方面，大运河系统的开凿工程十分艰巨，封建统治者动员了大量的劳动力，在劳动工具相当简陋的情况下，于短期内强迫完成的。有些地区，"诏发天下丁夫男年十五以上，五十以下者皆至，如有隐匿者斩三族"[27]。男工不够，就抓女丁上工。不知有多少劳动民众为开河死于役而家伤于财。造成了"行者不归，居者失业，人饥相食，邑落为墟"[28]的悲惨局面。运河凿成以后，隋炀帝巡游江南，每次所带宫妃及随从人员不下十万之众。舳舻相接二百余里，所需消耗均归沿途各县供给。五百里内的百姓都要进纳山珍海味。许多州县的农民被迫预交几年的租税,所过之处,如遭洪水猛兽,家破人亡,荡然无存。这是开凿运河消极的一面,是封建统治阶级对人民所犯的罪行。有压迫就有反抗,大业七年(公元六一一年),王薄便在黄河下游首先举起反隋统治的大旗。这一革命火炬,迅速地引起了各地的农民起义,终于推翻了杨家王朝。

至于理漕对治河的影响,后人亦有不同的意见。有的人认为,开渠引河水以理漕(如开汴渠和荥阳以下的通济渠),有利于漕运,而对治河则不利;有的人认为,开渠引河水以理漕,有分泄洪水和泥沙的作用,是兴利除害的治河好办法。持有前一种看法的人,认为引河水分流得不偿失,并认为唐武后长寿二年(公元六九二年)惠民的决口就是漕渠分水过多,黄河下游流缓,泥沙淤积河道所致。持有后一种看法的人,则认为自隋、唐以迄五代河患不严重,是由于漕渠分水的结果。

这两种意见都是从治理黄河的根本问题出发的。一是,黄河含沙量特大,下游河槽淤积严重,顾虑引水过多,使冲刷能力减弱;二是,黄河洪流涨猛量宏,下游河槽难以宣泄,分水可以减低大河流量,加强安全保障。就一般说,双方理由都能成立。但必须在某一具体情况下,如引水或分水量的多寡和引水或分水的季节,等等,才能辨别其影响的大小。否则,只能引起空洞争论。在某种情况下,可能使下游淤积增加,也或可能增加下游堤防的安全。但文献很难提供足够的研究资料。就科学技术水平说,直到清末亦还难得这等资料供研究探讨。具体到汴渠与通济渠的分水影响,又增加了一个水门建筑因素。荥阳汴渠水门如果为早期的"木与土"所建,有时可能被大洪水所冲毁,因而大量分洪。如后世改为石门,情况将大不相同。因之,对于文献史事,在没有获得足够资料之前,亦难以作深入的探讨。

注:

①《辞海》载:菏水"分东西二段:东段自今定陶县北岸分出,古济水东出潴成菏泽,又东流为菏水,经今城武、金乡两县北,东注古泗水;西段自今定陶县西济水南岸分出,东北流至县北入济水。《尚书·禹贡》、《汉书·地理志》、《水经》所载菏水皆指东

段,《水经注》所载兼指西段。菏水为古代连接济、泗二水,沟通中原与东南地区的一条重要水道。《禹贡》:'浮于淮、泗,达于河'。'河'当从《说文》引作'菏'"。上海人民出版社,1977 年11 月第一版。

②《后汉书·王景传》。

③《后汉书·明帝纪》。

④浚仪为汉置县名,今开封境,即魏之大梁。

⑤塌同堰,挡水并能溢流的建筑物。

⑥魏源:《筹河篇》,载《再续行水金鉴》卷一五四。

⑦李仪祉:《后汉王景理水之探讨》。

⑧李仪祉:《黄河之根本治法商榷》。

⑨《史记·留侯世家》。

⑩《史记·平淮书》。

⑪、⑬、⑭《三国志·魏书·武帝纪》。

⑫《水经注》。

⑮《晋书·武帝本纪》。

⑯《晋书·桓温传》。

⑰《晋书·毛穆之传》。

⑱、⑲、㉓《隋书·食货志》。

⑳《隋书·高祖下》。

㉑《隋书·高祖上》。

㉒、㉕、㉘《隋书·炀帝纪》。

㉔《资治通鉴·隋纪五》。

㉖《政治经济学批判·序言》。

㉗韩偓:《开河记》。

第五章　北宋利河御敌，金、元利河南行

　　封建社会发展到了宋朝已走向下坡路。北宋中叶，大地主豪强兼并土地更为激烈，阶级斗争日益尖锐，"民困国贫"，农民起义"一年多如一年，一火（伙）强如一火"①。这时河患也十分严重，在一百六十七年间，决、溢、徙一百六十五次，平均每年一次，甚至比五代时期还要频繁。泛滥所及，北犯漳卫，南侵淮泗。自真宗天禧四年（公元一〇二〇年）到宋朝南迁的第二年，即高宗建炎二年（公元一一二八年）的一百零八年间，就改道（徙）六次。迁徙的频繁也是历史上所罕见的。

　　同时，宋王朝和北方契丹民族的矛盾又极为尖锐。北方门户燕云十六州，自从石敬塘出卖给契丹族奴隶主政权（辽）以后，宋朝一直未能收复。宋太祖对契丹纯取守势。太宗虽两次出兵，结果大败。于是宋人更觉契丹可怕，便采取妥协屈服方针。而对方则采取积极南下的策略。因之，借河御敌便成为宋室所考虑的一个主要问题。

　　这时黄河流经宋、辽之间，极不稳定。宋室虽利于"京东故道"，稍事北移，但不利于越"界河"流入辽境。所以在仁宗庆历八年（公元一〇四八年）改道"北流"后，便兴三次"回河"之工，均未成功。迨至宋室南迁，河乃大徙，南流注淮，东入黄海。金、元利河南行，任其自由纵横。元顺帝至正十一年（公元一三五一年）贾鲁治河后，乃较稳定。

　　以黄河为战争攻守之具，乃史所屡见。然自五代以迄元顺帝的约四百年间，大河纵横，主要视为攻守之具，则为历史所罕见。名为治河，实败河耳。

　　北宋"回河"之争论，也表达了长期经验的积累，故略事论述。兹先简要说明北宋河道变迁和回河概况。

5−1 北宋五次改道和三次回河概况

首先,宋朝早期黄河所流经,为王莽始建国三年(公元一一年)改行的河道,前已有所介绍。约言之,在今山东省内颇似今徒骇河水道,惟入海处稍偏南,由今利津一带入海,后又略向北移。在宋真宗天禧四年河决滑州,东南注梁山泊,由泗入淮后,上述河道便被称为"京东故道"。

其次,仁宗景祐元年(公元一〇三四年)河决澶州(今河南濮阳县)横陇埽,流入赤河,经今山东鄄城东、范县东、东平西、阳谷东南、东阿北,到长清境入"京东故道"。长清以上常称为"横陇故道"。

第三,仁宗庆历八年(公元一〇四八年),黄河决于澶州商胡埽,改道北流,由今大名入卫河,经馆陶、临清、景县、东光、南皮,到沧州汇漳河,由青县、天津入海。其下游所经,还在周定王五年所行的河道以北。宋人称这次改流的河道为"北流"。

第四,仁宗嘉祐五年(公元一〇六〇年),河决魏郡(今河南南乐附近)第六埽,与"北流"分泄入海。经今山东朝城、馆陶,入"唐故大河北支",由无棣入海。由于河分两支入海,所以称东流的一支为"二股河",以别于"北流"的正河。参阅图4宋朝北流、东流示意图。

"唐故大河北支"是唐武后久视元年(公元七〇〇年)在今河南清丰县以东所开的一条新河。这条河在"北流"之南、"京东故道"之北,东北流至今山东平原县境,合笃马河东北流,至无棣县入海[②]。

第五,神宗元丰四年(公元一〇八一年),河决澶州小吴埽,西北流,经今河北内黄注入卫河,二股河断流。这次河流所经颇似庆历八年的"北流",只是有的河段还更偏左,因而入海处则偏北,注入宋辽交界的所谓"界河"。

这里须对"界河"加以说明。宋辽之间的界河就是白沟,其上游为拒马河,到新城为白沟,经雄县入大清河。在界河之南还有一系列的所谓限敌"塘泊",横贯东西。西起保州(今河北清苑)的边吴淀,东至沧州的泥姑(沽)海口,有大淀七处,"绵亘七州军,屈曲九百里,深不可以

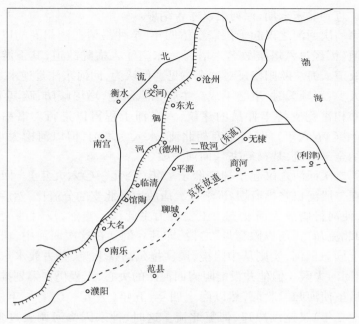

图4 宋朝北流、东流示意图

舟行,浅不可以徒涉"。虽为各水所聚,但亦筑堤引水灌注,并时有添展增修,且设有专门机构经营管理③。黄河北入界河,流经限敌塘泊以北,则黄河失去限敌的作用,故又有回河东流之议。

最后,迨至宋室南渡的次年,河又大徙,南流注淮,东入黄海。

由以上河流变迁情况,亦可见"两国交兵,黄河为界"的形势。在先后三次的回河过程中,反映出各种治河要求和观点。主要来说,不是为了治河,而是为了御敌,为了使之成为战争的武器。事实经过比较曲折复杂,现只能略述梗概。

回河东注,是分别对前述庆历八年和元丰四年,两次黄河北流的河道而提出的。从仁宗皇祐四年(公元一〇五二年),下迄哲宗元符二年(公元一〇九九年)的约五十年间,在地主阶级统治集团内部,展开了维持北流或回河东注的极为激烈的争论,并先后三次堵塞北流,但均未成功。直到北宋末期,回河之议才告结束。

第一次回河之议起于仁宗皇祐四年,李仲昌请在澶州商胡以下开一引河(因经过六塔集故名六塔河),东南注入横陇故道,其下游仍归京东故道入海。欧阳修反对这个意见。他认为,回河东注是逆水之性,不量人力,不顺天时,事必不成。主张因水所趋,增堤峻防,疏其下游。但是宰相富弼支持李仲昌的建议,六塔河工程得以进行。嘉祐元年(公元一〇五六年)四月,塞商胡北流,水入六塔河,但以河槽太小,不能容纳全部水流,是夕复决④,回河失败。

第二次回河之议起于神宗熙宁二年(公元一〇六九年)。回河方案是在二股河口修挑流坝,逐渐扩大唐故大河北支的分流比,然后堵塞北流,使河行唐故大河北支。王安石力主此议。当然,反对的人也不少,如北流乃"天所以限契丹"之说,即其一例。在这次回河中,司马光表面上同意回河,实则从中阻挠,屡次拖延堵塞北流,失去放水东行时机,使回河失败。但他并没能阻碍回河派的决心,工程仍在筹划推进之中。后虽使河归二股河,然以熙宁四年、五年(公元一〇七一年、公元一〇七二年)又连续决口,河复北流。这时,神宗因修河调夫过多,颇有顾虑,对回河东流发生了动摇。但在王安石的支持下,河又回入二股河。

熙宁十年(公元一〇七七年)七月黄河流势又有较大变化,次年河势虽复,元丰四年澶州(今河南濮阳境)小吴埽大决,东流断绝。黄河北合御河,由天津入海。回河又告失败。神宗主意大变,乃主张沿北流修堤。第二次回河以失败而告结束。

第三次回河之议起于哲宗即位之初(公元一〇八六年)。这时黄河北入界河。派人调查河北水情后,即决定从南乐大名埽开直河,导引水势,使于孙村口归入京东故道,用以解除北京(大名)以下的水患。这是一个减河的计划,工成后,大河将形成两支分流之势。这时北流已由界河入海,"险阻之限"已失,因而此次争论的重点乃偏重于御敌。主张回河东流的有安焘、王岩叟、文彦博、吕大防等,反对东流的有苏辙、范纯仁、王存、胡宗愈、范百禄等。双方各持己见,争论不休。在纷纭的争论中,对于减水河及回河东注之工,只能是屡罢屡复,摇摆不定。

最后只好听任河流自然变化。哲宗元祐七年(公元一〇九二年)十月,大河又复东注,北流渐微。其后二年,北流口门已闭,全河东归京东故道。迨元符二年(公元一〇九九年)六月末,河决内黄北流,东流又绝。宋代回河的争论从此便告结束。

从这五十年间的回河争论中,充分反映出宋室衰微,行动无力,举棋不定,终无成果。有时河流自然东趋,亦不能充分利用其有利形势,从事导引巩固。因之,只有任河流之或东或北,或南入淮泗。议论虽多,徒托空言而已。

5-2 "以农事为急"的回河观点

从三次回河的经过看,确实表现出它是当时迫切需要解决的问题。至于回河东流的原因,一是北流水灾较大,对农业生产不利;二是民族矛盾十分尖锐,战争屡兴,互相敌对,北流对宋室御敌不利。而反对回河的理由,一是回河"逆地势,戾(音立,违背)水性",应听其自然,顺水所趋;二是塘泊无御敌之实,且北方长期无警,不必以为忧;三是顾虑兴大役会引起农民革命。

参加回河争论的人很多,意见亦极为分歧,现只就其有代表性者分别加以评论。兹先述"以农事为急"的回河观点。

在第二次回河时,王安石为相,正在推行以"理财"与"整军"为中心的新法⑤。他极力主张回河东流,其主要观点是东流有利于农业生产,并不重视其为御敌的策略。他认为:"北流不塞,占公私田至多。又水散漫,久复淤塞。昨(熙宁五年四月)修二股,费少而公私田背出,向之潟(音戏)卤,俱为沃壤,庸非利乎?"

张巩也说,闭塞北流既可以免除恩、冀、深、瀛、永静、乾宁(今青县)的水患,又可以恢复卫河、滏阳河的漕运。至于北流造成农业生产灾害的原因,王岩叟在第三次回河中曾有说明。他说:北流"横遏西山之水,不得顺流而下",易成水灾。北流所经,既拦阻太行山东下诸水直接入海之路,又拥塞山前平原积潦的排泄,所以造成太行山以东广大地区的水灾,长期得不到解决。因之,北流对于农业生产的不利影响较之东流为大。这正是从农业生产观点出发,主张回河东流的重要原因。然黄河改流后,北流故道所经亦每形成一带高地,其西排水不畅,积潦成灾,亦为后世所病。

王安石虽主张加强国防力量,但并不重视塘泊御敌的功效。在神宗和他论及设险守国时,他说:"《周官》亦有掌固之官,但多侵民田,恃以为国,亦非计也。太祖(赵匡胤)时未有塘泊,然契丹莫敢侵轶(侵犯)。"⑥可见王安石并不重视以河御敌的作用,而且还对《周官》提出批评。掌固之官是掌管修造城、郭、沟、池、树、渠的官,他的任务与巩固防御有关。王安石想从积极方面来改变"积贫积弱"的局面,而不依靠什么塘泊之类以御敌。

5-3 从御敌出发的治河方略

宋朝与北方民族的矛盾很尖锐,是有历史性的。这一矛盾在治理黄河中也有明显的反映。例如,关于御敌的意见,在第三次回河中是最为突出的,而这种思想也是早就存在的。如真宗时,李垂看到由王莽时所行的河道泄水不利,深恐河如决而北流,由卫河自天津一带入海,流入契丹之境,则对边防不利,便两次上疏,建议主动导河向北流,使北不出通利军(治黎阳,在今浚县东北)界,既可引水以溉屯田,又可御边以防敌侵。这个意见虽没被采纳,但御敌要求对于治河方针的影响则已显然。李垂所议的改河位置,正与以后第二次回河所经的唐故大河北支相近。可见这一河道是早已为人所向往的了。

迨至第三次回河时,元祐二年(公元一〇八七年)三月,王岩叟议北流有七害,其中三条为有关御敌之事。他认为,塘泊埋淤,失塞险固之利;乾宁已成孤垒,大名、深、冀亦难自保;"沧州扼北敌海道",北流后,沧州在河之南,直抵京师(今河南开封),无有限隔。其他各条多涉及农业生产问题。

这时主张回河东流的人,大都以御敌为主要理由,认为"河不东则失中国之险,为契丹之利"。而反对回河者多不同意这一观点。如王存认为,与契丹"通好如一家",不是敌人,也没有设险相御的必要。范百禄、赵君锡认为,"塘泊有限辽之名,无御辽之实",浅处人们可以把衣服提起来涉水而过,深处又足以划船而渡。又说,北方长期无警,不必以为忧。而范纯仁则又恐因回河而引起契丹的猜疑,导致发兵南侵。这些人不是和平思想在作祟,就是恐敌或亲敌思想在指导。当然,不从"积贫积弱"的根本求解决,而单纯依靠设险相御是决不会成功的。高宗南渡以后,杜充放河东流,并没能阻挡金兵南进,挽救宋室危亡。这种例证历史上也所在多有。宋朝建国后不久就害了恐敌病,对敌一味乞求和平,而不事奋发图强。一直到走向覆灭。

5 – 4　治河的"三畏"观点

宋朝国势日益衰弱,为了对付农民的反抗,在无限加强中央集权力量的同时,封建的伦理规范也更加严格强化了。于是孔子"君子有三畏"的思想,便被提到很高的地位。所谓"三畏",就是"畏天命、畏大人、畏圣人之言"[⑦]。这里包括神权、君权、族权和封建统治阶级的思想、道德枷锁。宋朝的最高统治者,不只想用以对付农民的反抗,而且想用以对付黄河的泛滥,是徒然的。

神宗在进行第二次回河不利后,就改变了回河的主意,并发表了一篇"高论"。他在《宋史·河渠志》一书中说:"河之为患久矣!后世以事治水,故常有碍。夫水之趋下,乃其性也。以道治水,则无违其性可也。如能顺水所向,迁徙城邑以避之,复有何患!虽神禹复生,不过如此。"这正是"畏圣人之言"的具体表现。但是水患却未因此而有所减轻。

神宗说:"后世以事治水,故常有碍。"有碍,就是由于违背了孟子所谓"禹之行水,行其所无事也"[⑧]的原则。神宗又说:"以道治水,则无违其性可也。"正是要依照孟子所谓"禹之治水,水之道也"[⑨](《尚书大传》解释说:"顺水之性也")办事。关于孟子这两段话的含义,已在第二章的三节中加以说明,兹不重述。若专就"水之性"说,也只指水性就下。这确是客观真理。但在大平原上,从孟津到渤海和黄海,一般说都是就下之势,而就下的情况则各地有所不同,当时是没有作进一步了解的。如果只从一时的流向所趋,就主张"顺水之所向,迁城邑以避之",便达不到"复有何患"的目的。相反,只能回复上古"迁民以避水"、"择丘陵而处之"的原始生活方式。

事实上,宋代的治河技术是有所发展的,不过不为当时统治集团所注意耳。关于水流趋下之势,当时沈括在治理汴河时,已能相当准确地测得全河八百四十里的坡降⑩。如果采用这种方法,测量当时黄河各道,选择泄水较畅的水路,即使"迁徙城邑以避之",也属于有计划的行动。这当然与神宗的观点大有不同。

程颐论水灾的原因说:"汉火德,多水灾;唐土德,少河患。"⑪这也足以说明,当时统治集团对于水灾手足无措,一切归之于天命而了之。

稍后,张商英说神宗不再事回河,是"俟其泛滥自定也"。这就是说,对于泛滥之患,不必加以人工治理,按照"行其所无事"的古训,听其自然可也。任伯雨也说:"盖河流混浊,泥沙相半,流行既久,迤逦淤淀,则久而必决者,势不能变也。或北而东,或东而北,亦安可以人力制哉!"虽然略作分析,但认为客观真理是不可知的,河是不能治的。那么,结论也只能是听天命。

但是,"听天由命","迁徙城邑以避之",总有点不得人心,所以又补充一种"法先王"的手段。澶州小吴埽之决,北流经界河入海。据说更接近于所谓"禹河"。因之,"议者始欲复禹故道"。范百禄说:"本朝以来,未有大河安流合于禹迹如此之利便也。"那么,北流所经既合乎神禹所治之道,更不必再言回河了。

又,苏辙对吕公著说:"河决而北,先帝(指神宗)不能回,而诸公欲回之,是自谓智勇势力过先帝也。盍因其旧而修其未备乎!"搬出"先帝"这个权威来,自不必再议回河了。

由此可见,"三畏"观点对于宋朝治河带来了巨大的不利影响。而王安石则提出"天变不足畏,祖宗不足法,人言不足恤"的口号。他认为自然天道是可以认识的,对于自然规律的认识是不断前进提高的。这是两种观点在北宋回河争论中的表现。

5－5　片面的治河观点

在宋朝的回河争论,常有"逆地势、戾水性"的指责。它虽然指中了问题的关键所在,但对于当时当地的地势与水性的调查研究则深感不足,每成空论。又或因一时一地立论,缺乏全局观点,或突出某一特点,夸大其功能,而概括一切,是则均失之片面。但有人却常以"定理"的形式出之,引起不良影响。

欧阳修在第一次回河时持反对的意见。他说:"河流已弃之道,自古难复。"他认为"河本泥沙,无不淤之理"。"横陇湮塞已二十年,商胡决又数岁。故道已平而难凿,安流已久而难回"。"今欲逆水之性,障而塞之,夺洪河之正流,使人力斡(音卧)而回注,此大禹之所不能"。即商胡"幸而暂塞","而终于上流必决"。"是则决河非不能力塞,故道非不能力复,所复不久,终必决于上流者,由故道淤而水不能行故也"。由于欧阳修提出了人所共知的黄河淤淀严重这一自然特性,并对当时河情作了一些具体分析,而且以后的回河又屡次失败,所以后人每将"河流已弃之道自古难复"片面地视为治河的一个"定理"。加以他又可为后世堵塞决口不成或堵后复决者卸责,更为后人所传诵。欧阳修的"定理",是在决口以下的故道全部"已平而难凿"的前提下提出的。但决口改道后的故道并非全部如此。现在根据一般情况和文献记载,略论决口堵复形势。

就一般情况说,决口后的新流形势常顺。一则,由于黄河是条地上河,河身高仰,决后建瓴而下,决河常呈畅泄之势。再则,决后正河的水减流缓,决口处下游一段正河(故道)常淤,而决口以上的一段正河,反因决流势顺而刷深。相对地说,决口上下游原河道的高差越见悬殊。所以单就决口一带上下的地势水情看,堵塞决口诚有"逆水性"的感觉。但这并不表明故道下游全部都已淤平,河流难以回复。从历史记录看,改道次数仅占决口次数的极小部分,绝大多数决口是由人力堵塞而挽归故道的。可见,黄河已弃之道并非不能回复。而回复又确实必须"使人力斡而回注",不是一件容易的事。这是堵口的一般情况。商胡之决,没有及时堵塞。加以北流注入卫河,是经常流水的河道,商胡口门一带的上游和以下故道的高差必然很悬殊。在回河措施中,开六塔、直河等引河,其作用正是为了避开决口下游一段淤高的故道河身,而使引河在这一段河身的下游再注入故道。更就当时回河情况说,第二次回河入唐故大河北支,在大汛期间曾泄水八分;第三次回河为经王莽时所行故道,曾畅泄五年之久。足以说明,下游河道并非全部淤平。河流已弃之道并非不能回复。且北流水灾严重,也并非"安流已久而难回"。

不过,欧阳修对于泥沙运行的规律也作了一番研究。他说:"且河本泥沙,无不淤之理。淤常先下流,下流淤高,水行渐壅,乃决上流之低处,此势之常也。"他之所请"淤常先下流"是从海口起的。他说:"自海口先淤",再逐渐向上游淤,河道下段淤了,上段"相次又淤"。因之,"下流既梗,乃决于上流之商胡口"。"然避高就下,水之本性。故河流已弃之道自古难复"。然以当时决口与改道频繁,河床的淤积与其比降的自然调整,自难同于安定的河道。而欧阳修的这一分析,则为文献中有关问题的最早记载,且对河道比降的调整有所创见,故特及之。惟其"已弃之道自古难复"的结论则欠恰当耳。

明朝潘季驯也认为欧阳修"河流已弃之道自古难复"是"未试之言",并以汉武帝堵塞瓠子决口为证,反问道:故道"湮淤二十余载,而一塞决即复通之,何云故道不可复乎?"⑫"未试之言"就是未经实践验证之言,是不能成立的,诚然。

类似言论也为古代治河议论中所常见。现再举苏辙关于"河不两行"的理论为例。他说:"黄河之性,急则流通,缓则淤淀,既无东西皆急之势,安有两河并行之理。"由于黄河有含沙量大的特点,且下游淤积严重,这段话基本上符合水流运行的情况。但也不能绝对化,不能无条件地概括一切。而他却说,黄河"必不能分水",就是在任何条件下不能分流。那么,在适当季节,有控制地引出适当水量灌田如何?往年曾经提出过这个问题。而主管河务者则以苏辙的理论,坚决表示不可。当然,古代对于黄河水流和泥沙的运行情况和规律所知不多,"河不两行"之论尚可成为一家之言,用以反对宋时两股分流入海的措施。但把它绝对化了,视为不易之定理,则限制了治河的发展。

恩格斯说:"原则不是研究的出发点,而是它的最终结果;这些原则不是被用于自然界和人类历史,而是从它们中抽象出来的;不是自然界和人类去适应原则,而是原则只有在适合于自然界和历史的情况下才是正确的。这是对事物的唯一唯物主义的观点。"⑬这正是研究治河方策所应采取的态度。

5-6 金、元利河南行,形势大变

宋钦宗靖康二年(公元一一二七年)正月,徽、钦二帝为金兵虏去,钦宗之弟赵构在南京(今河南商丘)就皇帝位,是为高宗建炎元年。不久迁都临安(今浙江杭州),史称南宋。

高宗建炎二年(公元一一二八年,金太宗天会六年)冬,东京(今开封)留守杜充决开黄河,企图阻止金兵南下。但未能如愿,徒使黄河有南流入淮之机,造成很大的危害。至于开河的地点及其所流经的地区,史书记载不详。据研究推测,开河地点大概在今河南浚县、滑县以上,流经地区大概为由延津、长垣、东明一带注入梁山泊,然后由泗入淮。前此,黄河虽也曾经由泗入淮,但为时较暂。这次南流后,以战祸连绵,金人又"利河南行",遂使黄河长期(七百二十七年)由淮入海。

金、元时代,河患极为严重。下面着重说明这一时期河流趋势的变化,其他则概从略。

杜充决河后的数十年间,由于黄河流域的人民不断起义,金统治者忙于镇压,对黄河根本没有治理。所以黄河"或决或塞,迁徙无定"⑭,但基本上泛流于今山东省的西南地区。如金天德二年(公元一一五〇年),河水淹没济州(今巨野县),州城迁济宁。大定元年(公元一一六一年)河决曹、单。大定六年(公元一一六六年)河决阳武(今原武),洪水冲经兰封、考城,直趋郓城县,冲毁县城(在今郓城东六十里),径入梁山泊。大定八年(公元一一六八年),河决李固渡(今河南滑县沙店镇南),淹了曹州城(在今曹县城西北),夺全河十分之六,经长垣、东明、曹县、单县一带,下经萧县、砀山,至徐州注泗入淮。形成两股分流之势。

先是,金世宗大定四年(公元一一六四年)宋、金议和,金朝在北方的统治已趋稳定,遂采取"利河南行,以宋为壑"的方策。所以李固渡决口后不再拟堵复。但如沿李固渡新道筑堤防守,又认为"沿河数州之地骤兴大役,人心动摇,恐宋人乘间构为边患"。因之仅在李固渡南,筑堤以防。

黄河自李固渡改道南下后,澶、滑地区已远离黄河。也就是说,澶、滑以上河道已逐渐南移。卫州(治所在原河南汲县,现为卫辉市)、延津和原武一带则成为决溢频繁、灾患渐多的地区。其后河道也极不稳定。大定十一年(公元一一七一年),南股及北股都决,开封及濮州很多地区被害;大定二十年(公元一一八○年)卫州及延津京东埽决口,直泛宁陵、归德(今河南商丘)一带,东出徐、邳,北股微流断绝。其后卫州决口又向北流,沿北宋时故道,泛滥于大名、清河、沧县一带。当时且有"决河南行"与"决河北行"之争论。迨至章宗明昌五年(公元一一九四年)八月,黄河由阳武故道东流,经延津、封丘、长垣、兰封、东明、曹县等地,又入曹、单、萧、砀河道,由徐州注泗入淮。这次大河所经,兰封以下就是汴河故道。而广武到兰封间的河道,尚在今河道以北。在此以前的六十六年间,主要泛流于山东的西南部和这次改道以北的广大地区。自此大河南流的形势始成。

及至金朝衰微,为了避免蒙古族的威胁,宣宗贞祐二年(公元一二一四年)迁都开封,治河的目的又有新改变:企图使河北流,以防御蒙古族南侵。由此可见,黄河下游在金朝占领时期,治河的目的初则是"以宋为壑",后则是御蒙南侵,从无防灾兴利之心。

元灭金、宋而统一中国之后(公元一二七九年),为了镇压汉族人民的反抗,施行最残酷的民族压迫。两淮南北,大河内外,曾出现人烟断绝的荒凉惨景。黄河在元代八十八年中,有文献记载的决溢就达二百六十五次之多。

金明昌五年黄河改道东行,到元初已近九十年。在此期间,由于南北用兵,人为决河和元军侵入的破坏,河道淤积严重,已难于维持。元世祖至元二十三年(公元一二八六年)十月,黄河在原武、开封一带大决,水势汹涌,分两路向东南流:开封决口泛滥于陈留、通许、杞县、太康等地,经涡河入淮,刷成一条新河道,水势甚大,成为黄河主流;原武决口经中牟,泛滥于尉氏、洧川、鄢陵、扶沟等地,由颍河入淮。至此,淮河流域尽成泽国。元统治者认为黄河南行对己有利,遂征集民工二十万分别修筑堤防,不欲再使黄河返回章宗明昌五年所行故道。

但是,这次改道所经路线较长,且涡、颍河道较窄,不能宣泄洪流,只经两年又大溃决。颍河既渐淤塞,涡河亦已不畅。乃于成宗大德元年(公元一二九七年)在涡河的杞县蒲口溃决,主流直趋东北,于归德横堤以下又回归汴河故道,涡河则仍有少量水向东南流。当时统治集团虽仍欲使之东南流,但终未如愿。其后,黄河决溢极为频繁,而皇室为了争夺帝位,又互相残杀,天灾人祸,民不聊生。遂酿成顺帝至正四年(公元一三四四年)黄河在曹县西南白茅堤的改道。当年五月,大雨二十多天,河水暴涨,北决白茅堤,六月又决金堤,水势北侵安山(今山东东阿一带),沿会通运河(元时新开运河,由山东寿张北至聊城,又西北经临清)及清济河故道分北、东二股,流向河北河间和山东济南一带,分别注入渤海。原河道以北的广大面积都蒙水灾。然以统治者正忙于镇压人民的反抗和武装起义,七年未事堵塞,使人民遭受严重浩劫。

白茅堤决,既造成了严重灾害,又破坏了运粮漕道,后来乃由贾鲁堵塞,回复元初河流形势(见第六章)。但泛流南北的形势依然。

由以上大河长期泛滥形势看,原阳、延津、封丘一带河道似已逐渐南移,接近现行河道。

黄河下游二十五万平方公里的大平原为黄河冲积所成,那么,它的任何地区都曾为黄水所流经,这是当然的事情。但从有文献记载以来,在南宋以前,黄河主要东出渤海。只是在汉武帝元光三年(公元前一三二年),河决瓠子(今河北濮阳西南),东南流向巨野,经泗水,注淮河,东出黄海,凡二十三年。直到宋初才又有南流入淮的记载:太宗太平兴国八年(公元九八三年),真宗咸平三年(公元一〇〇〇年)和真宗天禧三年(公元一〇一九年)三次决口,河水曾流入泗、淮,均为时较暂;终于在真宗天禧四年六月,河决滑州(今河南滑县东)城西北天台山旁,旋又决于城西南岸,经澶、濮、曹、郓等地入梁山泊,东流入泗注淮,行水七年。由此来看,南宋以后的大河南徙,虽与人事有关,然亦似为河流形势之所趋。不过,金、元治河无心,惟利大河南行,作为攻守之具,以致泛流连年,灾害严重,而统治当局自身也处于极为被动的境地。这在治河史上并非偶然的现象,封建统治阶级治河的目的,总是为少数人的利益服务,不顾广大群众的利益,不按河流的客观规律办事,所以灾害频繁,民不聊生。

纵观宋、元的四百年间,对于河流规律的认识有所提高,治河的技术亦有所发展(见第六章),而泛滥的灾害则十分严重。盖以治河不从经济、民生出发,而惟以河流为战争武器,使河道日益败坏。加以"畏天命、畏大人、畏圣人之言"的思想作祟,亦自束缚科学技术的发展。长期以来,治河落后于社会经济的要求,概有由也。

注:

①欧阳修:《续通鉴长篇》。

②《禹贡锥指》。

③、⑥《宋史》卷九十五《河渠志》。

④《宋史》卷九十一《河渠志》。本文以下关于回河争论史料,除另作注释外,均引自《宋史》卷九十一至九十三《河渠志》。

⑤《续资治通鉴长编》卷二百二十。

⑦《论语·季氏》。

⑧《孟子·离娄》。

⑨《孟子·告子》。

⑩沈括:《长兴集》卷二十一。

⑪胡渭:《禹贡锥指》引阎百诗语。

⑫《河防一览·河议辩惑》。

⑬恩格斯:《反杜林论》,第32页,人民出版社,1970年。

⑭《金史·河渠志》,以下金朝资料多参照此书,不另作注。

第六章　宋、元治河的成就

　　自三国以迄唐末的约七百年间,关于黄河泛滥及其治理的文献记载甚少。宋朝建都汴梁(今开封),位于近河的下游平原。这时,民族斗争激烈,内政腐败,水灾也极频繁。迨至宋室南迁,黄河下游在金统治下,又采取了"利河南行,以宋为壑"的方针,水灾更加严重。而劳动人民在沉重的灾难中,对黄河进行了顽强的斗争,在前人治河经验的基础上,提高了对于黄河的认识和防御灾害的技术。

6-1　水流涨落与泥沙冲积的认识

　　水流涨落与泥沙冲积,是关系黄河下游治乱的两个基本自然因素,也是历代都在探索的两个重要问题。而宋朝劳动人民对此则闯出了一条路子。

　　关于河流大小及其一般涨落,当为人类治水初期所已有的概念。但对于水流涨落的观测,并进而分析涨落的原因,预估来水的大小,则是在治水实践过程中逐步发展,并随着科学技术水平而逐步提高的。宋代对于黄河水流涨落的时间和涨水的成因已经有了初步的了解,并且根据植物生长的过程,或植物开花的季节,以命名各时期的涨水。

　　《宋史·河渠志》列"举物候为水势之名",并用以记"黄河随时涨落"。"自立春之后,东风解冻,河边人候水。初至凡一寸,则夏秋当至一尺,颇为信验,故谓之'信水'。二月、三月桃华始开,冰泮,雨积,川流猥(猥)集,波澜盛长,谓之'桃华水'。春末,芜菁华开,谓之'菜华水'。四月末垄麦结秀,擢芒变色,谓之'麦黄水'五月,瓜实延蔓,谓之'瓜蔓水'。朔野之地,深山穷谷,固阴冱(音互,冻结)寒,冰坚晚泮;逮乎盛夏,消释方尽,而沃荡山石,水带矾腥,并流于河,故六月中旬后谓之'矾山水'。七月,菽豆方秀,谓之'豆华水'。八月,葭(音坦)菼(音万)华,谓之'荻苗水'。九月以重阳纪节,谓之'登高水'。十月,水落安流,复其故道,谓之'复槽水'。十一、十二月,断冰杂流,乘寒复结,谓之'蹙凌水'。有水信常,率以为准。非时暴涨,谓之'客水'"。对于各季节之来水不但有了名称,而且对于水势的大小有了粗略的估计,并试作分析。当然这些认识还是粗略的,而且有不正确处,如对于"矾山水"来源的理解。但应视为水文观测研究的萌芽。

金、元时期,对水情的变化又有了进一步的认识。由于每年六至八月为河水盛涨季节,规定沿河"州县提举管勾河防官,每六月一日至八月终,各轮一员守涨",加强堤岸防守。由于九月霜清,没有大水,河水归槽,因而把九月名为"霜清水",处于安流季节。十一月以后,进入冬季,气候渐寒,河面由局部漂凌到满河淌凌,名"噎凌水"。随着气温不断下降,断凌杂流,乘寒复结,谓之"蹙凌水"。立春之后,春风解冻,所以正月谓之"解凌水"。

这就逐步形成后世防汛中的所谓"四汛",即凌汛(解凌水)、桃汛(桃花水)、伏汛(矾山水)、秋汛(荻苗水)。伏、秋两汛又称大汛,为每年防水最紧张的时期。当然,其他两汛也经常发生决口。

过去报汛只以水位计算,即只表明水势升降若干尺寸,而对于流量则无所观测。所以对于水流的多寡,还只有概念性的认识。

宋时已有"潴水为塘"的方法,名为"水匮",多利用湖泊洼地潴水。如当时的梁山泊,虽没有调洪水匮的名称,但在黄河流经该地区时,则起着调节的作用。至于作用的大小,就难说了。

此外,黄河难治的关键在于含沙量大,这是早为人们所知的。宋时对于含沙和输沙的具体数量,正如对于河水的流量一样,虽尚无所知,但对于泥沙运行的大体情况及其危害性,已有所研究。同时,还力求探索改善的方法。

任伯雨说:"盖河流混浊,泥沙相半。流行既久,迤逦淤淀,则久而必决者,势不能变也。"[①]他认为,由于河流含沙量大,决口是不可避免的。他建议:"为今之策,正宜因其所向,宽立堤防,约拦水势,使不至大段漫流。"欧阳修也说:"河本泥沙,无不淤之理。"[②]他的结论是,由于河道淤积,日久自然要改道。可见,他们都已发现了河流含沙量大的危害性,但是还没有找到减轻河道淤淀的方法。苏辙则提出不要采取多支分流的办法,以免加快河道的淤淀。他说:"黄河之性,急则通流,缓则淤淀。既无东西皆急之势,安有两河并行之理。"③这里也指出了治河方法中的一个矛盾问题。"两河并行"或多支分流入海,是解决洪水量大,使之得以安全宣泄的一种方法,但却增加了河道的淤淀。不过这时还没有从正面提出减轻河道淤淀的办法。

当时曾有人试图采用人工浚河之法。神宗熙宁六年(公元一○七三年),选人李公义献"铁龙爪扬泥车"以浚河。试行后,又制出"浚川耙"④。由于对减轻黄河淤淀之效甚微,所以未能推行。

北宋的一百六十七年间,黄河决口一百六十五次,其中改道六次,灾害是十分严重的。但对于水流涨落和泥沙冲积等现象则有了进一步的认识,为促进治河的发展提供了条件。

6－2　堤防护岸与修守制度的建立

关于水流冲击堤岸的影响,宋时既有所观察研究,且已采取相应的对策。举凡河水涨落所引起的流向变化,大溜顶冲位置的转移,堤岸损坏、坍塌、淘空的情况和河槽冲淤的现象,均有初步的认识⑤。因之,对于堤岸的防护措施,有了显著的发展。除了大河两岸筑长堤约束水流外,并于临河堤面的被冲地方修建木龙、石岸等防护工程,还大力推广埽工。真宗天禧五年(公元一○二一年),滑州被水围,用叠埽办法保护州中居民,然后又"凿横木,下垂木数条,置水旁以护岸,谓之木龙"⑥。但防护工事之最多者则为埽。

埽是以树枝(梢)、草秆(秸)等主要料物,杂以土、石,以绳索卷、镶而成。它的制造技术和广泛应用,到宋朝大为发展。"埽"的名称似乎也是这时才有的。其后,在黄河上则一直广泛应用,不过筑埽的方法和用材,前后稍有不同耳。由于埽在大河两岸的普遍采用,埽又常成为险工的名称,如某某埽,即指某某险工。因为凡修埽之处,大都为迎溜被冲击的险工所在地。

到了元朝,由于所用料物和修筑方法的不同,埽的名称也很多,如

"岸埽"、"水埽"、"龙尾埽"、"拦头埽"、"马头埽"等[7]。

埽不只用于护岸,而且用以堵塞决口。堵塞决口多在水位低时,先从口门双方进堤,及口门渐缩,乃下埽堵塞,谓之"合龙门"。这是堵口工程中最紧张的阶段,也是成败的关键阶段。由于埽工用途广泛,它已成为宋朝及其以后黄河上的一项重要工程,史籍及专著多所记载。

宋朝根据不同的地形和情况,又创修了各式堤防,如"缕堤"和"月堤",大都是在大堤的临河一方所增修之堤,用作前缘防护。至于"金堤",则为一般大堤的称呼,汉时已有之。不过后世多修在堤的背河一方,作为第二道防线。还有为调整水流而修的短堤(后世常称为坝),如元朝的所谓"刺水堤"、"截水堤"、"缕水堤"等[8]。

堤和护岸一方面承受水流的冲击,一方面还受风雨的剥蚀,所以经常需要有人守护,并修补完善。尤其到了汛期,由于水位不断上升,流势又经常变化,更须昼夜巡视,随时增修抢筑,以资防护。宋时已经初步建立了黄河修守制度。宋太祖乾德五年(公元九六七年)正月,诏"以河堤屡决,分遣使行视,发畿甸丁夫缮治,自是岁以为常……诏开封、大名府、郓、澶、滑、孟、濮、齐、淄、沧、棣、滨、德、博、怀、卫、郑等州长吏,并兼本州河堤使"。同年,还作了堤埽岁修的具体规定,"皆以正月首事,季春而毕"。太祖开宝五年(公元九七二年),诏"自今,开封等十七州府各置河堤判官一员,以本州通判充;如通判阙员,即以本州判官充"。太宗淳化二年(公元九九一年),诏"长吏以下及巡河主埽使臣经度行视河堤,勿致坏隳",并规定"违者当置于法"。到了徽宗大观二年(公元一一〇八年),"诏河防夫工岁役十万。滨河之民,困于调发,可上户出钱免夫,下户出力充役"[9]。从以上资料可见,当时沿河官吏和人民都担负着河防的修守责任,在各州设有专职,并规定治河不力者给以处分。这就初步建立了黄河的修守制度。

一般地说,河道两岸筑堤可以加大河槽的泄水能力。也就是说,当河水高于两岸地面时,有堤则不至漫流,可以在两堤之间宣泄。但是,黄河是一条地上河,两岸的堤已成为河槽的基本组成部分。溃堤之后,重则改道迁徙,轻则漫流四野。因之,对于堤的防守也就更关重要。"千里金堤,溃于蚁穴","千丈之堤,以蝼蚁之穴溃",这是堤防人员所提出的警号,实际上也真有这样的事实。所以在堤成之后,要经常地细致检查,随时修补。此外,黄河河身逐年淤高,除了一般的检查修补以外,两岸大堤又必须逐年加高培厚,或每隔几年加培一次。否则,它的泄水能力便减低。

至于护岸工程,本身既有新陈代谢作用,又有受水溜冲击、淘刷而沉陷、摧毁的可能。再则,由于流势的变迁,平工又可能成为险工。所以护岸工程不只须经常修补,而且还须有抢修与新增。

由此可见,堤和护岸工程是要经常看守、检查、养护的。根据工程性质的不同,后世对修缮工程逐渐形成许多名称,如所谓"岁修",指每年春季必有之工;"抢修"指汛期临时出现险情之工;"大修"指每隔几年,包括堤身全部或大部加高培厚,须增补之工;"大工"多指堵口复堤之工。这是在历代经验积累的基础上所形成的制度。

大堤决口的形式可分两种,即溢与溃。所谓溢,即水位高于堤顶,溢流而出,破堤成决。所谓溃,即在水位低于堤顶,堤身被冲破成口而决。这两种决口情况都是常见的。但记载中则溢多于溃,却不一定与事实相符。旧制,溢罪轻而溃罪重,所以当事者多以溢报。据熟悉河事者言,实则溃多于溢。盖以堤顶高程为所应防御的洪水而定,如果洪水低于堤顶而发生溃决,显然是修守不力所致,故其责重,因之决口多以溢报。

防河特重修守,所以修守制度的建立,是治河工作中的一件大事。从宋朝起已有明确的、详细的记载。当然,制度能否认真贯彻执行,又是另一问题。

6-3 贾鲁白茅堵口的业绩

元初河道为金明昌五年(公元一一九四年,南宋光宗绍熙五年)由阳武决口改向东流的河道,即经今河南延津、封丘、长垣、兰封,山东东明、曹县、单县,江苏砀山、萧县,到徐州夺泗水、注淮河,东经安东(今涟水),由云梯关入黄海。兰封而下大致就是汴河故道。元朝黄河变迁较大,第五章六节已事叙述。这里只记贾鲁白茅堵口的业绩。

顺帝至正四年(公元一三四四年)五月,大雨二十多天,河水暴涨,北决于山东曹州西南的白茅堤,六月,又北决金堤,泛水漫流于山东西南地区,北趋安山(今山东东平、梁山间),一股由新开的运河——会通运河(即元朝所开南北大运河的一段),从聊城、临清经河北河间一带入渤海;一股由清济河故道(今山东境内黄河所经),经济南东流入渤海。当时由于统治集团忙于镇压武装起义的农民,七年未事堵塞,造成严重浩劫。但以北流破坏了运粮漕道,乃议治河。建议中,言人人殊。贾鲁曾先后到现场考察,乃绘图,建议治河二策。其一,沿北流河道"修筑北堤,以制横溃,其用功省"。其二,"疏塞并举,挽河使东行,以复故道,其功费甚大"。所谓"疏塞并举",就是疏导旧道,并堵塞决口,"以复故道"。当时工部尚书成遵和其他人,反对堵塞白茅决口。据其调查,认为"河道断不可复",并说:"山东连岁饥馑,民不聊生,若聚二十万于此地,恐他日之忧又有重于河患者。"而丞相脱脱则同意第二方案,乃荐鲁于帝,大称旨。至正十一年(公元一三五一年)四月初四日,下诏中外,命贾鲁以工部尚书为总治河防使,进秩二品,授以银印。发汴梁(开封)、大名十有三路民十五万人,庐州等戍十有八翼军二万人供役。一切从事大小军民咸禀节度,便益兴缮。是月二十二日鸠工,七月疏凿成,八月决水(趋)故道,九月舟楫通行,十一月水土工毕。诸埽诸堤成,河复故道,南汇于淮,又东入于海[⑩]。

　　由于黄河决口频繁,所以堵口是常有的事。不过贾鲁这次堵塞白茅决口有其特点。一般堵口都在低水季节,而这次堵口的紧张阶段似正值六至八月的盛涨季节,为史册所少见。就自然情况说,这次是冒着很大风险的。只以元朝统治者认为,治河既可博得美名以缓和与人民的矛盾,又可在漕运畅通后,每年由江南调大批粮食北运,乃下此决心。而贾鲁在这次堵口的技术上,既有所创见,而又临危不惧,毅力坚持,终于成功。使由曹州东北流入渤海七年的大河回归汴河故道。为了纪念他的功绩,后人常把这段汴河故道称为贾鲁故道。评论贾鲁治河的还有这样一首诗:"贾鲁治黄河,恩多怨亦多,百年千载后,恩在怨消磨。"[⑪]反映了贾鲁治河的功过。

　　贾鲁堵塞白茅决口,挽河回归东流故道,在技术上有一定的成就,现只略述大概。贾鲁治河有疏、浚、塞三法。"釃河之流,因而导之,谓之疏。去河之淤,因而深之,谓之浚。抑河之暴,因而扼之,谓之塞。"⑫就字面理解,好像是对全面治河而言,实则是为这次堵口立论,因为文献中对全面治河并没作什么发挥,而在这次堵口工程中,上述三法则均所涉及。

在堵口工程中,首先疏浚故道二百八十余里,修复砀山以上北堤二百五十里以及其他各段堤防,并堵塞若干决堤口门。而堵塞的主要决口则为白茅。时值盛涨季节,工程亦最艰巨。白茅口门"南北广四百余步,中流深三丈余"。当时决口流水八成,而流入故道者仅二成。口门上游虽筑有刺水堤,然以较短,挑水能力不足。大溜依然逼向口门外流,难事堵塞。贾鲁乃采用石船堤障水,导流趋向故道。以二十七只大船,组成三道堤,用铁锚固定船身,并将三堤连为一体。船内装石,上压以埽,凿穴使船同时下沉,并随沉随压埽工。石船堤的作用有如后世丁坝,挑溜甚力。然以时值秋涨,口门形势仍极险恶。在大力进行抢修下,终于合龙堵塞。至于堵塞白茅口门是否采用石船,不见记载。惟以贾鲁治河共"沉大船一百二十艘",而白茅障水石船堤则仅用二十七艘,其他用处,记载不详。因之,有人认为石船亦曾用于直接堵塞口门。尚有待于进一步探索研究。

总之,从贾鲁堵塞白茅决口的记载,显示治河技术水平已大有发展,能在盛涨季节战胜洪水,完成这一艰巨任务,使大河回归七年断流的故道。而技术是在实践斗争中提高、发展的。这次堵口,表现在善于掌握自然形势下,人的主观能动性所起的巨大作用。当然,这次堵口成功,是广大劳动人民智慧经验的积累,艰苦奋斗的结晶,这是主要的一面。而贾鲁居于领导岗位,其业绩也是应当肯定的。此外,贾鲁堵口得到当时执政者的十分信赖和全力支持。在那种动荡不安、议论纷纭的时代,没有这一条件,于很短时期内(从集工到完成只七个月),在盛涨季节,完成这一任务,也是难以想象的。

这里还须特为说明欧阳玄写《至正河防记》的思想认识。欧阳玄为表扬贾鲁治河功绩,曾写了河平碑文。同时他还称赞司马迁、班固在写历史中,创列了"河渠"、"沟洫"等专篇。但他却认为这还不足,说这些专篇中仅记载了治水之道,而不言其方,使后世任斯事者无所考。因而他亲自访问贾鲁,遍询过客与执事人等,进行调查研究,乃作《至正河防记》以为后世治河的参考。欧阳玄是有卓见的。这也足以说明,当时社会对于科学技术发展的重视和要求。也正是在这以后,治河的文献才更为丰富起来。这是社会发展中的一种表现,而欧阳玄则创其端。

注:

①、②、③、④、⑤、⑥、⑨《宋史·河渠志》。

⑦、⑧、⑩、⑫欧阳玄:《至正河防记》。

⑪《行水金鉴》。

第七章　明、清治河理论与方法概述

明、清时代黄河流势和治理策略是基本一致的。本章将概述这一时期的治河理论与方法,然后再分章选论各家的观点。

明朝中叶所提出的"坚筑堤防,纳水归于一槽"的方针,一直为清朝所遵循。这是长期经过分流惨痛教训的结果,也是提高对于黄河自然规律认识的结果。黄河下游两岸修堤防河虽有长期的历史,只是到明朝中期在理论上提出一些概念性的论证以后,才把筑堤视为治河的一项重要措施。虽然仍有各种治河策略的争论,但堤的防水作用则一直被重视。因之,对于筑堤的规划,以及堤的修守制度和防护措施等,亦均更加完备,且有滚水坝和减水坝的设置。将分别加以论述。

这时黄河所流经,仍为元顺帝至正十一年贾鲁塞白茅决口后所行经的汴渠故道,即自河南开封而东,经商丘,至江苏徐州,夺泗水,南至淮阴注淮河,东流入海。元朝初步所开凿的南北运河也逐渐完成。泗水从南阳(今山东济宁县境)至江苏淮阴(包括黄河所夺的一段)已成为运河的一段。明、清治理黄河的主要目的就是为了"保漕",维持南北运河的畅通,以保证由江南运粮到达当时的首都北京,供应统治集团"官俸军食"之所需。完成这一任务,则是这一时期最复杂、艰巨的工作。第一,黄河占据了泗水(运河)下游五百四十里的漕道,而它又是一条善淤、善决、善徙的河流,如果这段决口或改道,则泗水淤淀,漕道难通。如果黄河在徐州以西决而北流,则又将侵袭山东境内泗水及其以北的运河。第二,黄河这时夺取了另一条大河——淮河的下游入海之路,并且严重地淤淀了两河相会的清口,因之淮水不得畅泄,洪泽湖日益扩大,水面日益升高。如果洪泽湖东堤——高堰溃决,则灾及苏北运河、里下河,漕运亦必中断。在这样复杂的情况下,在论述这一时期的治河策略和措施之前,则必须对于黄河、淮河、运河(包括泗水)的形势及其相互影响,先作简要的说明。

总的说来,明、清在治河的理论和方法上均有所发展,但灾害则是频繁、严重的。因为,当时治河的目的就是为了保漕,凡与漕运无关的决口,则非所关心。明朝(公元一三六八年至一六四四年)二百七十六年间,黄河决口和改道四百五十六次,其中改道七次。清初到鸦片战争(公元一六四四年至一八四〇年)的近二百年间,决口达三百六十一次[①]。这些数字虽因统计方法的不同而有所差别,但已足以说明决口频繁、严重的惨痛景象。加以时值封建社会后期,统治集团已极端腐朽,阶级矛盾日趋尖锐。清朝中期以后,就出现社会的严重危机。从一八四〇年起,在资本主义列强侵略下,终于使中国沦为半殖民地半封建社会。

7-1 黄河、运河、淮河形势及其相互影响

黄河、运河和淮河在明、清时代的关系是非常密切的,它影响到全面治理的方针,对之必须首先加以说明。

明、清黄河,在清朝咸丰五年(公元一八五五年)改道北流以前,河南郑州而下基本上流经现行河道,而兰考以下,则为元朝至正十一年(公元一三五一年)贾鲁堵塞白茅决口后所行的河道。由于明朝初、中时期的二百年间,决口改道频繁,且常多支分流下注,虽然后来仍然回归这条河道,也容或有不完全符合之处,但大致相同。是在万恭、潘季驯等治理以后才稳定下来的。

潘季驯说:"查得黄河故道,自虞城以下,萧县以上,夏邑以北,砀山以南,由新集历丁家道口、马牧集、韩家道口、司家道口、牛黄堌、赵家圈,至萧县蓟门,出小浮桥。此贾鲁所复故道,诚永赖之业也。"[②]不过,在以前的约二百年间,黄河有七次改道,且曾多股分流,贾鲁故道有时成为一支,有时淤淀断流,根本找不到一条所谓正流。现只略举数例,说明当时河流情势。

明朝洪武二十四年(公元一三九一年)三月河溢,四月又决于原阳黑羊山,流经今开封城北,折向东南,经今淮阳、项城、太和、颍上,东至正阳关,由颍入淮,仅有微流入贾鲁故道。二十年后,始疏浚故道,增修

堤防,使黄河重回贾鲁故道。但仍有支流从封丘金龙口(荆隆口),经山东金乡、鱼台注泗汇淮。永乐十四年(公元一四一六年),又决于开封,改道由涡河入淮。正统十三年(公元一四四八年)秋,河大决,三股分流:北股由原武决口,向北直抵新乡八柳树,折向东南,经今延津、封丘、濮县,到聊城、张秋,冲溃寿张县的沙湾,穿运河,注大清河(今黄河下段)入海。中股在荥泽孙家渡决口,南泛原武、阳武,经今开封、杞县、睢县、亳县入涡河,至怀远注淮河。贾鲁故道淤。南股也由孙家渡南泛,经洪武二十四年南流入颍老路注淮河。弘治二年(公元一四八九年)河决开封,成为六股分泄之势。嘉靖三十七年(公元一五五八年),甚至有十一条支河汇流徐洪(指运河的徐州洪和其南六十里的吕梁洪)的情况。仅此就足以说明,黄河在明初的约二百年间泛滥频繁、流系紊乱的情况,它纵横于当时的大清河与颍水之间,到处泛滥淤淀,根本分不出何为黄河主流。

为了维护山东境内运河免遭黄河决口冲淤破坏,孝宗弘治六年(公元一四九三年)命刘大夏治河,修太行堤,北岸河势稍定。迨至穆宗隆庆年间(公元一五六七年至一五七二年)两岸筑堤之议大起。其后由万恭、潘季驯等人,先后坚筑堤防,大河约束于两堤之间,比较稳定,而决口则仍不断发生。

清朝黄河所经一如明朝。冯祚泰说:"元、明以来,治河者皆不出鲁(指贾鲁)之区域,其治河济运之法,不出鲁之设施。"又说:元"泰定元年(公元一三二四年)河始行汴渠,至徐州东北,合泗入淮,贾鲁所指为故道者也"③。至于黄河入汴年月,各家意见不一,且不详论。现据《皇朝通志》所载,节录清朝兰考以东黄河所经如下:"……又东南经兰阳、考城县北。又东入山东界,经曹县南。又东经单县南,又东流入江南界,为砀山县北,丰县南,沛县南,萧县北。又东经徐州府城北,又经邳州南,睢宁县北。又东南经宿迁县南,桃源(今江苏泗阳)县北。又东南至清河(今江苏淮阴)县南,即清口,淮水洪泽湖来会。东北流经山阳(今江苏淮安)县之清江浦北,经阜宁县北,安东(涟水)县南。又东北过云梯关入于海。"④

清朝黄河在鸦片战争以前的约二百年间虽未改道,但决口泛滥的范围很广。南侵淮河支流的颍、涧、雎和洪泽、高邮、宝应诸湖,中泛微山、昭阳诸湖,北注大清河和其北诸水。迨至清咸丰五年(公元一八五五年)六月,决河南兰阳(今兰考)铜瓦厢,分三股北流。一由山东菏泽赵王河东注,另两股由东明南北分泄,到张秋(今阳谷东南)三股会合,穿运河,夺大清河由利津入海。张秋以西泛滥二十年。其后只余东明南股为正流,大体上就是现在的河道。

前述黄河泛滥改道时,屡次说到从张秋穿运河,夺大清河入海,或泛滥微山、昭阳诸湖注泗,以及汇流徐洪等情况。这就严重地影响由江南通往北京的运河,阻碍明、清所万分关心的漕运。这条运河为元朝所创修,历经明、清沟通改善,才成为后世的南北运河。现在略述南北运河的开凿、明朝对泗水漕道的改修和清初脱离黄河漕道的开辟。

元都大都(今北京),为了统治集团官俸军食的供应,建立了一条沟通南北的水运系统。元世祖至元二十年(公元一二八三年),开辟山东济宁与东平间的济州河,沟通汶、泗水运。南来船舶,可以经泗水、汶水转入大清河,由利津出海达天津。至元二十六年(公元一二八九年),开会通河,从山东东平附近的安山起,南接济州河,北经寿张、聊城到临清通御河(卫河)。参阅图5元朝会通河、济州河示意图。后又开大都通白河的通惠河。这样,连同泗水以南的山阳渎(即古邗沟,今江北运河)和江南河(即镇江到杭州的运河),临清以北的卫河和白河,就基本上完成了长达四千里的南北运河的规模。不过会通河、济州河(有的资料统称为会通河)和泗水经常遭受黄河的侵袭,而前者的水源又不充足,是运河的薄弱环节。所以元朝漕运一直以海运为主。

明朝永乐初,会通河(包括济州河,下同)淤,南粮北调分两路进行:一由海运到直沽(今天津);一由黄河(包括原泗水的徐州以南河段)上沂至河南封丘,转陆运一百七十里,再由卫河北运。这就是当时的所谓"陆海兼运"。为了改变这种不利局面,永乐九年(公元一四一一年)令工部尚书宋礼浚会通河。采纳山东汶上老人白英建议,在东平戴村附近的汶水上筑坝拦水,并向南开一新道,引汶水和附近诸泉流入南旺。南旺较附近一带地势为高,即建立分水闸,使汶水南北分流。俗有汶水"七分朝天子,三分下江南"的传说,也有"六分北去,四分南

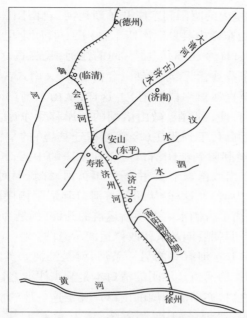

图 5　元朝会通河、济州河示意图

流"的说法。这就解决了会通河的水源问题。又在会通河的北段修闸
十七座,南段(到徐州)修闸二十一座,用以平缓坡降,节制水流。这
样,"浅船约万艘,载约四百石,粮约四百万石,浮闸从徐州至临清,几
九百里,直涉虚然。为罢海运"⑤。但是,如果黄河北决或改道,就必然
冲淤运河,漕运断绝。明朝早期,在黄河以北虽曾有利用黄河水流接济
运河的措施,但以后则坚决采取遏黄保漕的手段。

　　徐州到临清间的漕运虽已沟通,而山东境内的南部运河(泗水)则
常遭黄河北决的侵袭,淤积日甚。再则,黄河于徐州之北约四十里的茶
城夺泗南流以后,历经邳县、宿迁、桃源至清河的五百四十里的河道,也
由于黄河经常在各处决口分流,间或短期改道,淤淀、破坏严重,难以满
足漕运的要求。所以改善山东南部和江苏北部的漕道(泗水)就提到
日程上来了。

　　改善上述两段运河的办法是避开黄河,另辟新道。早在明朝嘉靖

年间,已在山东境内的昭阳湖东岸开了新运河,自南阳(今山东济宁县南)到留城(在山东微山县夏镇南四十里)长一百四十里。万历年间又开辟夏镇至直河口(今江苏邳县境)间的泇河,长二百六十里(东西泇河均发源于山东费县,到江苏邳县三合村会合,又南入古泗水。而上述泇河则指夏镇至直河口一段运河)。这样,从山东南阳到江苏邳县的直河口一段运河,便由昭阳、微山诸湖的西岸移到东岸。清朝康熙年间,又开辟上接泇河,下到张庄(今江苏宿迁县境)的皂河,长六十里。后又开挖张庄经泗阳到淮阴清口对岸仲家庄的中河,长一百八十里。不久又在泗阳以南改凿六十里,由杨庄出黄河,称新中河(因在遥堤与缕堤之间,故名中河)。这样,从邳县直河口到淮阴杨庄的运河便脱离黄河,也就是脱离了古泗水。上项新运道的开辟,都是为了减轻黄河的干扰。参阅图6明朝后期及清初改修运河示意图。

这时与黄河和运河有关的另一条河,就是淮河。黄河在淮阴以下的河道,就是夺淮的河道。淮阴的清口本是泗水注淮之口,现在成为淮河与黄河交汇之口,亦即洪泽湖的出口。关于这一地的情况,清郭起元有较详细的说明。"洪泽湖,汉为富陵,隋为洪泽渠,宋为陈公塘。自元以来,淮流胥汇于是,并阜陵、泥墩、万家诸湖而为一,统名洪泽湖。盖当黄、运之冲,而承全淮之委者也。淮合诸水汇潴于湖,出清口以会黄。清口迤上为运口,湖又分流入运河以通漕。向东三分济运,七分御黄(按:湖水三分出运口以济苏北运河,七分出清口汇流入黄河,或称借清刷黄,或称御黄倒灌)。而黄挟万里奔腾之势,其力足遏淮。淮水少弱,浊流即内灌入运。必淮常储其有余,而后畅出清口,御黄有力,斯无倒灌之虞。故病淮并以病运者莫如黄,而御黄即以利运者莫如淮。淮、黄、运尤以治淮为先也。"⑥这里把黄、淮、运的关系说得很清楚。参阅图7明末黄河与淮河交汇处示意图。由于黄河力强且多泥沙,便从清口倒灌洪泽湖,使湖日益淤淀,清口日益淤高,运口亦日益淤高,危害淮河和运河。但是,洪泽湖(也就是淮河)既要接济运河水源,又要蓄到相当高程,以御黄水倒灌,并用以刷黄。那么,洪泽湖东堤——高堰,就必须加固,不使决口。但是,黄河日益淤高,清口也必然随之淤高,洪泽湖必然逐渐扩大,淮河灾害也必然日益加重。而当时治理三河的主

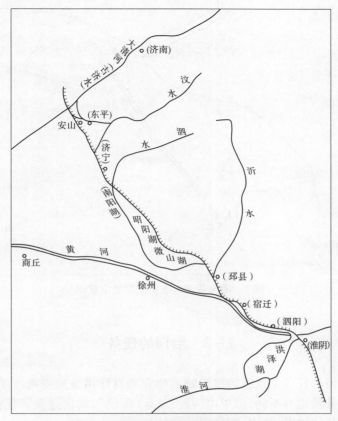

图6　明朝后期及清初改修运河示意图

要任务在于"保漕",所以就必须保证高堰的安全,以免泛滥苏北运河,且可"蓄清刷黄",保证清口畅通。清口通,则湖水不至过高,反过来有利于高堰的安全。所以在上述淮阴以北的黄、运分离之后,清口与高堰就成为治理黄河任务中的主要对象。清王朝统治者数次南游,亲临两地,更加重视。郭起元所说的"淮、黄、运尤以治淮为先也",实则并不是为了治淮,只是为了治黄并以保漕,为了满足封建统治集团镇压劳动人民所需的每年四百万石漕运的畅通。

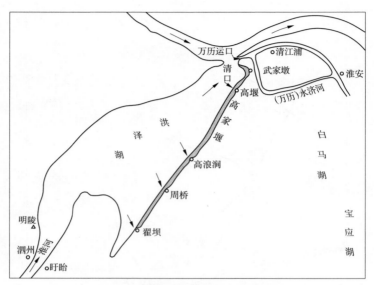

图7　明末黄河与淮河交汇处示意图

7-2　治河的任务

治河的任务关系到治河策略的确定和具体措施的安排。明、清的治河任务虽微有不同,但根本一致,就是"保漕",前已述及。现在根据当时的具体情况加以分析说明。

列宁指出:"在马克思看来,国家是阶级统治的机关,是一个阶级压迫另一个阶级的机关。"⑦那么,在封建地主阶级统治下,治理黄河的主要任务,就是为了加强封建统治,维护统治阶级的利益,而不是为了广大劳动群众。

明朝中叶后期,潘季驯论当时的治河任务为:"祖陵当护,运道可虞,淮民百万危在旦夕。"⑧明朝祖陵在安徽泗州(今江苏盱眙县西北)东北十余里,于清康熙时沦入洪泽湖。这是由于黄河日高,清口日淤,洪泽湖水面日益扩大的结果。常居敬对三项任务更明确地定了主次,说:"故首虑祖陵,次虑运道,再虑民生。"⑨在封建时代,祖陵安危是关系礼教的大问题,所以列为首要任务。至于运道,早在弘治六年(公元一四九三年)对刘大夏治河的命令中就已经明确指出:"古人治河,只是除民之害。今日治河,乃是恐妨运道,致误国计。"⑩万恭也说:"今以五百四十里治运河(按:指徐州到淮阴为黄河所占据的泗水漕道)即所以治黄河,治黄河即所以治运河。"⑪治河任务的重点所在,至为显然。又,隆庆五年(公元一五七一年)潘季驯在第二次任河官时,由于邳州河工告成,请奖励治河官员。王朝统治者说:"今岁漕运比常更迟,何为辄报工完?"令工部核复。工部尚书朱衡复道:"河道通塞,专以粮运迟速为验,非谓筑口导流便可塞责。"命潘季驯戴罪管事⑫。这次潘季驯虽然堵口成功,但未完成漕运任务,不只没有蒙奖,且受处分。这就足以说明什么是治河的主要任务。再则,清朝靳辅分析在开封以下黄河南岸如有决口时说:"止于民田受淹,而与运道无碍。"⑬对于治河的要求,就更坦白地表达出来了,就是保漕第一。

治河的任务既定,策略也就定了。一怕黄河改道,漕运中断,这就要维持走"贾鲁故道";二怕黄河北决,冲击山东境内运河,这就要加强北堤防护;三怕洪泽湖东溃,冲击苏北运河,这就要坚守高堰、畅通清口。明朝万恭虽然认为"黄淮合流,防守为难",但合流是"运之利",所以坚决反对改道,反对分流⑭。清朝靳辅从"河道全体形势,穷源溯流"立论,认为治河之策,也只是加固高堰,并建议加修中河而已⑮。由此可见,他们的片面性和局限性是显而易见的,又怎能提出全面的治河意见呢?

当然,在当时的治河任务中,也并没有完全否认民生的地位。因为统治阶级也希望"国泰民安"。要使劳动人民"安居乐业",就必须使之能维持生活,从事生产。一以减轻阶级矛盾,一以增加赋税收入。为此,就必须维护堤防安全,决口后力谋堵塞。元顺帝至正十一年(公元一三五一年),命贾鲁堵塞白茅决口,目的之一就在于缓和阶级矛盾,已如前述。今再举为了维持赋税而议治河之一例。清咸丰五年(公元一八五五年),河决兰阳(今兰考)铜瓦厢改道北流之后,山东巡抚丁宝桢议,由山东利津入海有四不便,其第一条说:"自铜瓦厢到牡蛎咀(山东利津铁门关外)一千三百余里,两堤相去须十里,除现在淹没不计外,尚须弃地若干万顷。此项弃地,居民不知亿万,作何安插?"看来好似十分关心民瘼。但紧接下去,就是"是有损于财赋者一也"⑯。一语道破关心民生的意义所在。任务有主次,在明、清治河的任务中,所谓"民生"则居于次位。而在特殊情况下,就连所谓"民生"也可置于不顾。明末,反动的统治阶级扒堤惨剧即其一例。

崇祯十五年(公元一六四二年),李自成农民起义军围困开封城。河南巡抚高名衡为了镇压起义军,扒开黄河南岸朱家砦大堤,洪水便以排山倒海之势冲进开封,城内三十七万居民淹死三十四万,造成全城覆灭的大悲剧⑰。广大灾区农村死亡还难以计数。这是反动统治阶级以洪水作为镇压农民起义军的残暴手段,但却想把这一罪行栽在起义军身上⑱,然又怕谎言为人识破,遂转弯抹角地说,由于开封被困日久,食粮断绝,"守臣谋分黄灌贼",但为起义军所侦知,"预为备"。接着就说,起义军遂决河灌开封城。这段谎言也就露出破绽。显然是由于反动统治阶级决河灌起义军的阴谋已为群众所知,乃先承认有"守臣谋分黄"的阴谋,然后诬陷决河为起义军所为。实际上,反动统治阶级有谋有行,否则没有必要承认自己"谋分黄"。人民的眼睛是亮的,血海冤仇是忘不了的,开封人民一直传说着这一事实真相,一直在控诉这一滔天罪行。

7-3 治水与攻沙的探索

在"保漕"迫切任务要求下,明、清治河也有所发展。今先从治水与攻沙的探索说起。

洪水与泥沙是研究黄河自然现象的两个重要因素。对此已早有观察,并取得一些初步认识。如水流涨落及其在季节上的变化,含沙多寡及其在下游的淤淀情况,等等。但直到清末却还没有水流和泥沙数量上的精确观测。不过由于长期的观察和实践,对于黄河的规律及其为害的自然原因,明朝已经有了比较深刻的认识。如总结黄河的特性为"善淤、善决、善徙",而善徙由于善决,善决由于善淤⑲。因之,对于解决"善淤"这一问题下了一些功夫,取得了一些成就,促进了治河的发展。

明朝万恭对水流情况作了分析。他说："夫黄河非持久之水也,与江水异。每年发不过五、六次,每次发不过三、四日。"已经认识黄河猛涨倏落的现象,洪峰虽高,而持时不长。又说："河水伏秋迅烈,消长叵测,守之不固,则堤岸横冲。"又认识到"洪水暴猛虽有其时,而衰弱亦有其候"。因而指出："防河者吃紧止在五、六、七月(按:指夏历),余月小涨,不足虑也。"⑳明朝潼关已有水位观测,并设塘马报汛,上自潼关,下至宿迁。清初,河水涨时,则由宁夏地方官驰报河道总督和河南巡抚㉑。嘉庆年间(公元一七九六年至一八二一年),包世臣建议改善报水办法,不只报水的涨落尺寸,而且"以高(宽)深相乘",求得过水断面㉒。如能自此更进一步,即可测得流量。可惜,才一试行,即因派别争论受阻停止。

关于水流含沙量,虽传说明朝有量沙器的创造,但从文献中看,只有"斗水六泥"或洪涨期"泥占其八"等说。对于河的淤淀,亦只知其迅速严重及其危害性,而对其冲积的确切变化,还无较精确的观测研究。

明、清对于黄河泥沙淤淀的观测研究,虽只停留在一般概念阶段,对于淤淀的分析也有不同的看法,但总的趋势则认为,治理黄河的关键在于减轻泥沙的淤淀。当然,洪水是防治泛滥的主要对象,对于黄河亦不例外。然由于黄河淤淀严重,河身日高,流路善变,又认识到善决由于善淤,所以减轻泥沙淤淀,便成为防治洪水泛滥的关键问题。至于怎样改变黄河"善淤"的局面,明朝中期提出了"筑堤束水,以水攻沙"的学说。

明朝潘季驯对这一学说提倡最力,但这一理论是劳动人民长期实践经验的总结,在他以前已有人明确地提出。早在汉朝明帝永平十三年(公元七〇年),在一项命令中就有这样的话："左堤强则右堤伤,左右俱强则下方伤。"㉓这说明,当时已经认识堤及其防护工程对于水流的影响。也就是说,认识到人工对于水流冲刷所能起的作用。明朝虞城生员则进一步提出"以人治河,不若以河治河"的倡议,就是利用水力攻沙的理论,以改善河道"善淤"的现象,在实践中也取得初步的效果。又经万恭、潘季驯等人的发展,便把明朝的治河策略引向一条新路。

明初二百年间,黄河泛滥灾害严重,很多人认为黄河是没法治的。在虞城生员以前的河官刘天和,虽然对黄河得出"善淤、善决、善徙"的结论,但他认为这是黄河的本能。因之,"自汉而下,毕智殚力以事河,卒莫有效者,势不能也"[24]。于是拜倒在淤、决、徙的面前,甘作自然的奴隶。再以后的河官杨一魁说:使"三河并存,南北相去约五十里,任其游荡,以不治治之"[25]。"以不治治之"的所谓治河方针,是很有代表性的,就是"听天由命"的观点,任其漫流泛滥。

虞城生员则有不同看法,他向当时河官万恭提出:"以河治河"的理论,万恭记之而不书其名。虞城当时滨河,他可能是一位有治河经验研究而社会地位较低的读书人,但是他的见解却是很高的。他说:"以人治河,不若以河治河也。夫河性急,借其性而役其力,则可浅可深,治在吾掌耳。法曰:如欲深北,则南其堤,而北自深;如欲深南,则北其堤,而南自深;如欲深中,则南北堤两束之,冲中坚(间)焉,而中自深。此借其性而役其力也,功当万之于人。"这里所说的堤,指导流坝。它除了能使河槽冲深以外,还可以使洼处填高固堤。其法曰:"为之固堤,令涨可得而逾也,涨冲之不去,而又逾其顶,涨落则堤复障急流,使之别出,而堤外水皆缓。固堤之外,悉淤为洲矣。"[26]

万恭应用这一建议于治河实践,取得了显著效果。当时黄河东流,在徐州茶城之南(镇口)汇入北来的泗水(运河),折而南流。在这个交会之处,黄河势强,便逆灌泗水,常患淤浅,影响南北航运畅通。万恭于交会处的左岸("东岸")筑导流坝("大堤")半里许,一以顺黄河之流,使径直南下,不致倒灌泗水;一以紧束泗水,猛力冲出,以乱黄流。工成后,交会处的东岸渐冲渐深,得到"以河开河"的效果。而西岸渐淤渐厚,两水并驰南下,"淤浅不治而自治矣"[27]。

对于虞城生员冲深和淤洼的具体办法还需略加解释。办法中"堤"的含义较广,它不专指两岸的一般土堤,还指导流坝、挑水坝以及可以漫水流的滚水堰。如在茶城工程中,文称"筑大堤半里许",实为筑导流坝半里许。这就足以说明,文中的"堤"还包括治河中各式的坝。又如在冲深河槽的办法中,有"南其堤"或"北其堤"的说法,而当时河的南北（右左）两岸均已有堤，因之，为冲深河槽而再筑之堤，必为"内堤"，或为某种形式的坝，否则难作解释。再如，在固堤淤滩的办法中说，洪水可得漫顶而过，但又冲不坏，这个堤必不是一般土堤，而是有保护面或为其他料物所筑的滚水坝。涨水时，由滚水坝溢出之水可以落淤，填高洼处，加固背河堤脚，涨落即止。此外，如有内外两层堤，内堤也可设滚水坝，溢出之水可以从内外两堤之间下泄，即以泥沙淤高两堤之间的洼地，也就是原来的河滩地，并以加固堤身。换言之，要达到冲深河槽的目的，南岸或北岸、或南北两岸必须有两道堤，即内堤与外堤；或者不修内堤而修某种形式的坝。为了达到固堤淤洼的目的，堤上还须修滚水坝。由于原文记载简略，今参考茶城工程和一般实际情况，对文中的"堤"作如上的解释，或无大误。否则，如认为"堤"只指两岸的土堤，则将难以达到所期望的效果，甚或疑为只是一种设想。

由于上述的治河方法，因而联想到近代西方为通航而整理河槽的理论和措施。他们主要采用顺坝和丁坝两种措施。顺坝为顺水流方向所修的坝（如果是比较长的一段，也可称为堰或堤），丁坝是与顺坝直交，或伸入河中的一端略向下游倾斜的坝。二者均于大水时漫顶过水，均有束水冲深主槽和落淤固岸的作用。而虞城生员十六世纪中叶的理论和措施与此实有相似之处。当时徐州到淮阴的黄河就是夺泗的一段，也是运河的一段。当时治河任务之一就是把这段河道整理成为畅通的航道。虞城生员的建议是有利于达到这种要求的。从茶城的实践可以见之。

万恭论水沙运行的规律，说："夫水之为性也，专则急，分则缓。而河之为势也，急则通，缓则淤。若能顺其势之所趋而堤以束之，河安得败。"[28] 佘毅中也说："惟当缮治堤防，俾无旁决，则水由地中，沙随水去，即导河之策也。"[29] 这都是鉴于河道长期紊乱横流，淤淀严重，灾害频繁，提出筑堤纳水归于一槽的建议，其理与虞城生员的倡议亦相合。

大约在茶城导流成功后的四年，潘季驯第三次任治河官，提出了"以堤束水，以水攻沙"[30]、"借水攻沙，以水治水"[31] 的治水方针。潘季驯采取主动治河的态度，摈弃多支分流的方针，在前人工作的基础上，继续筑堤，挽归贾鲁故道，取得一定的成绩，并为后世所遵循。

潘季驯说:"水分则势缓,势缓则沙停,沙停则河饱,尺寸之水皆由沙面,止见其高。水合则势猛,势猛则沙刷,沙刷则河深,寻丈之水皆由河底,止见其卑。筑堤束水,以水攻沙,水不奔溢于两旁,则必直刷乎河底。一定之理,必然之势。此合之所以愈于分也。"[32]他主张河不能分流,而且要筑堤束水,所以大堤(当时称"遥堤")之内于近河还有"缕堤",用以"拘束河流,取其冲刷也"[33]。同时,他反对另改新道,说:"夫议者欲舍其旧而新是图,何哉?盖见旧河之易淤,而冀新河之不淤也。驯则以为无论旧河之深且广,凿之未必如旧。即使捐内帑之财,竭四海之力而成之,数年之后,新者不旧乎?假令新复如旧,将复新之何所乎?水行则沙行,旧亦新也。水溃则沙塞,新亦旧也。河无择于新旧也。借水攻沙,以水治水,但当防水之溃,毋虑沙之塞也。"[34]言外之意,筑堤束水,只要不决口,河便不至于大淤。

关于"束水攻沙"的认识,这时基本上还在概念阶段。当时还没有水文观测,没对水流运行规律作深入研究。那么,对其效果也是从经验概念推测的。因之就不免引起各种不同看法和争议。所以在二百年后,清朝范玉琨认为"筑堤束水"并不能攻沙。他说:"今之堤束水仍守旧规,而水已不能攻沙,反且日形淤淀。则议者隆堤于天之说,似亦未可谓之过计。"[35]诚然,两岸筑堤之后并未能制止河槽的淤高。而且,相对地说,这时河槽的淤积进度,在一定情况下,较之多支分流者为速;河流安定时的淤积进度,较之经常决口泛流者为速。这是由于分流或决口后的泥沙,大量淤积于分支河槽或两旁平原地区,而主流河槽的淤积反而减轻。也正是由于"坚筑堤防,纳水归于一槽",虽仍不时决口,但较之经常多支分流,河槽的淤积必还增加些。因而使范玉琨有河槽"反且日形淤淀"的感觉,有"隆堤于天"的顾虑。换言之,制止河槽不淤,不能仅由"筑堤束水"所可得以解决的。这是迄今犹待解决的问题。但是,自从明朝中期提出"筑堤束水,以水攻沙"的理论以后,便实行"坚筑堤防,纳水归于一槽"的治河方针,一改明朝早期,在有堤防的情况下,实行多支分流,有时为五支或更多支分流的治河方针。也可以说,这种变革是在总结前期经验的基础上取得的,是从此迄今所一直采取的治河策略。下边就略述这个转变过程。

7-4 从多支分流到"归于一槽"

分流与筑堤是自古治河争论的重点。所谓分流,是把黄河分为两支或多支下泄。后世主张分流的人,大都不排斥筑堤,但仅用以约拦水势而已。明朝治河的目的主要是"保漕"。为确保徐州以下窄河道(亦即运河的一段)的安全,初则采取分流的办法。继以北岸分流将冲断山东境内运河,又采取"北堤南分"的方针。及至支河逐渐淤阻,大河亦渐北趋之时,"坚筑堤防,纳河水于一槽"才占有主导地位。

明初南北分流情况,前已述及。由于黄河是条地上河,分流是其自然趋势,因之也就影响到治河观点,所以分流之议甚盛。明朝金景辉认为,黄河"今不循故道,而并入淮,是为妄行。为今之计,在疏导之以分杀其势。若委之一淮,仍行堤防之策,臣恐开封终为鱼鳖之区矣"㊱。宋濂说:"中原之地,平旷夷衍,无洞庭、彭蠡以为之汇,故河尝横溃为患。其势非多为之委以杀其流,未可以力胜也。"在说明禹治水功绩后,又说:"盖流分而其势自平也。"在叙述当时河道形势后,说道:"莫若浚入旧黄河,使其水流复于故道,然后导入清济河(大清河,即今黄河下游),分其半使之北,以杀其力,则河之患可平矣。"如果与水争利,还"不如听其自然,而不治之为愈也"㊲。霍韬主张分水注入卫河;胡世宁也有类似建议㊳。

黄河向北分流将冲断山东境内运河。如正统十三年(公元一四四八年)、弘治二年(公元一四八九年)的改道,均有一股穿运河由大清河入海。所以弘治三年(公元一四九〇年)便命白昂筑阳武长堤,以防北决犯运,并分别开浚入淮各支㊴。弘治六年(公元一四九三年),命刘大夏治河,"当急"之务就是"多方设法,必使粮运通行"。于是北堤南分的治河方案以起。刘大夏疏通南岸支河,堵塞各地决口。"诸口既塞,于是上流河势复归兰阳、考城东流,经归德、徐州、宿迁,南入运河(泗水),会淮水东注于海。而大名府之(北岸)长堤,起河南胙城(故城在今河南延津县北三十五里),历滑县、东明、长垣等处,又历山东曹州、曹县,直抵河南虞城县界,凡三百六十里(名太行堤,又称泰黄堤)。荆隆口等处新堤,起于家店及铜瓦厢、陈桥,抵小宋集,凡一百六十里。其石坝俱培筑坚厚。而溃决之患于是息矣。"⑩事实上,决口仍然频繁。

从白昂北岸筑堤以后的三十多年间,凡多次修筑北堤,可能为数道,也可能交错相接,或时修时废。则今之所谓太行堤,可能为白昂、刘大夏及其陆续修筑而仍存的一道堤。

太行堤成后,南岸依然分流。迨至嘉靖年间,向南分流各支淤塞已甚,所以多议开浚南支。如费宏建议:"为今之计,必须涡河等河如旧通流,分杀河势,然后运道不至泛滥,徐、沛之民乃得免于漂没。"戴金建议:对于"壅塞之处,逐一挑浚,使之流通,则趋淮之水不止一道,而徐州水患可以少杀矣"。杨宏建议,开浚入淮分流支派⑪。他们所关心的地带也只在徐州上下。朱裳上书主张南岸分流,北岸固堤,得到批准⑫。

迨至隆庆三年(公元一五六九年),严用和则主张堵塞决口,停开支河。隆庆六年(公元一五七二年),雒遵条陈南北两岸都修堤。批复同意执行。同年,张守约上书,建议增筑堤岸,停开新河,也被批准⑬。治河策略为之一变。即于同年,章时鸾修南堤,自兰阳县赵皮寨至虞城县凌家庄,长二百二十九里有奇。万恭上书,建议在章时鸾修堤之后,再续修旧堤,说道:"前堤系运道上源,先议兴筑,南北并峙。若南强北弱,则势必北侵,张秋等处可虞。北强南弱,则势必南溢,徐、吕二洪可虑。"⑭万恭是主张南北皆堤的,他又说:"故欲河不为暴,莫若令河专而深,欲河专而深,莫若束水急而骤。束水急而骤,使由地中,舍堤无别策。"⑮已经提出"束水攻沙"的意图。但是,他和许多人一样,主张北堤应强。认为南决祸小,而北决患深。

继万恭之后,潘季驯反对分流最力,说:"黄流最浊,以斗计之,沙居其六。若至伏秋,则水居其二矣。以二升之水,载八升之沙,非极迅溜,必致停滞。若水分则势缓,势缓则沙停,沙停则河塞。河不两行,自古记之。支河一开,正河必夺。故草湾(今江苏淮阴境)开,而西桥故道遂淤。崔镇决,而桃(桃源)、清(清河),以下遂塞。崔家口决,而秦沟遂为平陆。近事固河鉴也。"⑯他用"束水攻沙"的理论和当时的事例来说明开支河之害。

潘季驯力斥分流,大倡筑堤,虽有一定成绩,而不久河又为患。神宗万历二十五年(公元一五九七年)杨一魁上书,主张"三河并存"。即北导李吉口(今河南兰考境)下浊河(由兰考经砀山到徐州茶城的黄河河道),其南另存两河下流,"南北相去约五十里,任水游荡,以不治治之"。但实践证明,并非如所预见为"万世良图"。不久河日益南,李吉口垫淤益高,北流遂绝⑪。

清朝大都遵循潘季驯的意见,兹不多述。

7-5　筑堤在实践中的发展

在明朝治河实践中,筑堤虽终占上风,但"束水攻沙"的效果则有一定限度,河身依然日淤。因之也就引起一些争论。"坚筑堤防"既成为明、清治理下游的主要手段,然欲得以贯彻执行,第一必须有其理论根据,以取得广泛的支持;第二必须有一套具体的安排和措施,以保证洪水的安全下泄。因之,首先制订堤防的全面计划,例如两岸堤距的选定,堤防系统的组成,如遥堤、缕堤、格堤、月堤的安排,等等。其次,修建安全护堤工程,如分洪的减水坝,护堤的埽、坝,以及导流的引河,等等。第三,规定堤防的修守和管理制度,如岁修、大修、"四防二守"制度,等等。

关于上述各点,在明、清治河文献中,均有极为详细的记载和具体的说明。这也正是治河技术长足发展的表现。本节仅概略述之。

现在,首先概述"坚筑堤防"的论据。

万恭在叙述筑堤前的争议和筑堤后的情况时,说:"徐、邳顺水之堤,其始役也,众哗,以谓黄河必不可堤,笑之。其中也,堤成三百七十里,以谓河堤必不可守,疑之。其终也,堤铺星列,堤夫珠贯。而隆庆六年(公元一五七二年)、万历元年(公元一五七三年),运艘行槽中若平地。河涨,则三百里之堤,内束水流,外捍民地。邳、睢之间,波涛之地,悉秋稼成云,此堤之余也。民大悦,众乃翕然定矣。"⑱

潘季驯力主筑堤,说:"检括故牒,咨询父老,始信治河之法,惟有修防,必难穿凿。""而古今治河者,惟以塞决筑堤成功。稍事穿凿,非久即废。何也？盖黄河与清河迥异。黄性悍而质浊。先臣张仲义云：河水一石六斗泥。以四斗之水，载六斗之泥，非极湍悍迅溜不可。分则势缓，势缓则沙停，沙停则河饱，河饱则水溢，水溢则堤决，堤决则河为平陆，而民生之昏垫，国计之梗阻，皆由此矣。有谓堤能阻水，水高堤高，堤无穷已者。盖不知堤能束水归槽，水从下刷，则河深可容。故河上有岸，岸上始有堤。平时水不及岸，堤若赘疣。伏秋暴涨，始有逾岸而及堤址者。水落复归于槽，非谓堤外即水，而旋高旋增也……有谓水欲其泄，决以泄水，安用筑为？盖不知浊流易壅，泄于决必壅于河，必无两全者。……故治河之法，惟有慎守河堤，严防冲决。"[49] 他认为，治河之法，惟有筑堤，"更无他策"。由于当时的科学技术尚不发达，在分流二百年后，筑堤初创之时，为了说服他人，还要引古人的言行以为据。他说："治河之法，别无奇谋秘计，全在束水归槽。归槽非他，即先贤孟子所谓水由地中行。而宋臣朱熹释之曰，地中两崖间也。束水之法亦无奇谋秘计，惟有坚筑堤防。堤防非他，即《禹贡》所谓九泽既陂，四海会同。而先儒蔡沈释之曰，陂障也；九州之泽已有陂障，而无决溃，四海之水无不会同，而各有所归也。故堤固则水不泛滥，而自然归槽。归槽则水不上溢，而自然下刷。沙之所涤，渠之所以深，河之所以导而入海，皆相因而至矣。然则，固堤非防守之第一义乎？而岁修之工，舍固堤其何以乎？"[50] 在申述筑堤正所以导河时说："若顺水之性，以堤防溢，则谓之防。河水盛涨之时，无堤则必傍溢，傍溢则必泛滥而不循轨。岂能以海为壑耶？故堤之者欲其不溢而循轨以入于海，正所以导之也。"在引《禹贡》"九泽既陂，四海会同"和解释后，说："则禹之导水，何尝不以堤哉！"[51]

"筑堤束水"、"以水攻沙"的治河方法，虽不能使河身不淤，但由于对河流的自然情势有了进一步的认识，采取了主动的治水措施，较之长期泛滥四溢或有意识地多支分流，则前进了一大步。虽然决口仍然是频繁的，但它又涉及一系列的问题，如筑之固不固，防之严不严等。所以这一筑堤治水方针则一直为后世所遵循。清初夏骃说："至若堤防者，治河之要务。自西汉以迄元、明，治河之臣未有不用堤防而能导河使行者。近代潘季驯最称治河能臣，而其终身所守，惟是筑堤以束水，束水以刷沙二语耳。而今之空谈局外者,辄曰此贾让所谓下策也。"他在说明贾让治河策也用堤,并非反对筑堤,而所批评的所谓下策,是针对当时浚、滑二邑的堤说的。如果把贾让的话,"使移而行之徐、兖、中州(指今江苏北部、山东西南部及河南)之境,则已有大谬不然者。而况欲举千七百年以前之论,而行之于千七百年以后之河道,则亦天下之愚人而已矣"。在详论古今情势之不同后,又说:"在上世土阔人稀,故殷避河患,至五迁其国都,而不以为难。后世人民稠庶。今开、归以至徐、邳而下,皆通邑大都,万无可徙之理。"⑤夏骃以古今情势之不同,认为治河策略应有所不同。在认识论上向前迈进一大步,对于治河的发展起着重要的作用。胡渭也认为贾让并不反对筑堤⑤,而力主坚守堤防。

夏骃、胡渭的议论,是针对不要筑堤的人说的,足证反对筑堤的还大有人在。如陈法说:"河决也,虽数里之遥堤,无不立溃,亦何益乎?明知其无益而筑之不已,且再三筑之,守贾让之下策,为不易之良法。盖束水攻沙之说深入人心,其流毒未有已也。今奈何复蹈其覆辙乎……无堤则水势散漫平衍,何由而决?即大水而河溢,旁河之地反得填淤,麦必倍收,不为患,此事理之至明者也。不然,古无堤而河不烦治,今堤防峻,河何以多决也!"⑤

其次,略述堤距宽窄的议论。

同是主张筑堤,而对于堤距的宽窄也有不同意见。明、清河南境内的堤距颇宽。在太行堤内,从武陟起又修有顺水堤,颇似现在的北岸大堤。现在河南境内两岸堤的位置大体如旧。南北两堤相距一般在二十里以上,兰考夹河滩一带宽达四十里。清咸丰五年(公元一八五五年)改道北流以前,堤距的议论大都为关于徐州至淮阴间的河道;而在改道以后,则多为关于运河以东的河道。二者都是较窄的河道。

潘季驯虽然主张遥堤宜远,但他所修的遥堤距河并不远。他说筑堤"必绎贾让不与水争地之旨,仿河南远堤之制"⑤。并认为,遥堤之修筑,应按宋任伯雨"宽立堤防,约拦水势,使不大段涌流"⑤之旨。但是,他所筑的遥堤并不远。他说:"遥堤离河颇远,或一里余,或二、三里。"⑤又说:"凡黄河堤必远筑,大约离岸须三、二里,庶容蓄宽广,可免

决啮。切勿逼水,以致易决。"㊳

潘季驯既然主张遥堤必远筑,而实际上为什么并不远呢? 大概有两个原因:一是,在这以前,徐州以上在河南境内多支河分流,徐、邳以下水量较少。这一带旧堤大多是当时所说的缕堤,逼近河身。后退一里至三里筑遥堤,就认为是远了。二是,徐州一带在地形上为一卡口,限制了下泄的水量,所以徐、邳以下不须有如上游的宽河槽了。但就下游整体说,却因此造成了上宽下窄的畸形的、不合理的河道。

徐州的卡口河宽只有六十八丈。清初靳辅说:"迨至徐州,而北岸系山嘴,南岸系州城,中央河道仅宽六十八丈。将千支万派浩浩无涯之水,紧紧束住,不能畅流。河流既艰于下达,则自难免上壅。是以明朝二百余年之间,徐城屡屡溃冲,而徐州迤上,南岸之漫溢迄于今岁岁见告也。"㊿徐州的卡口也可能是造成明朝徐州以上南岸分流的一个客观原因。也是一个巧合,现在的河道,穿运以后,在东阿艾山也有一个卡口,形成以下的窄河道。

清范玉琨述徐州至清河间河道情况,说:"徐州铜沛、睢南、邳北三厅(指河道分段管理的机关名称),两堤相距尚有二、三里,至七、八里。至宿迁之南北两厅,两堤相距只三里,甚至洋河镇至河北镇,两堤相距不足二里。至桃源(今泗阳)以下又复宽广。至外南厅之顺黄坝与北外厅之仲工以下,堤间止一百六十六丈,且不足一里。"㉍徐州以下的河槽与其上河段的不相适应,至为明显。

明、清徐州以下和改道北流后的东阿以下的窄河段,显然与其上游不相称,引起堤距的议论,甚至分流与"归于一槽"的争论,是很自然的。

第三,略述堤防系统的组成。

潘季驯筑堤有内外两道,外堤称遥堤,内堤称缕堤。其作用为"筑遥堤以防其溃,筑缕堤以束其流"。"而遥堤之内复筑格堤,盖虑决水顺遥而下,亦可成河,故欲其遇格即止也("决水"当指缕堤决口外溢之水)。缕堤拘束河流,取其冲刷也。而缕堤之内复筑月堤,盖恐缕逼河流,难免冲决,故欲其遇月即止也"㉑。清朝堤制更有发展,名称亦多。惟对于缕堤的作用,所见多有不同。

万恭说:"河堤之法有二,有截水之堤,有缕水之堤。截水者遏黄河之性而乱流阻之者也,治水者忌之。缕水者因河之势而顺流束之者也,治水者便之。"[62]所见与潘基本相同。清靳辅说:"今莫妙于筑缕堤以束水,而以遥堤并加筑格堤以防冲决。使守堤人等尽力防护缕堤,设或大水异涨,即有漫冲,亦至遥堤格堤而止,自不至于夺河成缺。"[63]陈潢也说:"黄水泛滥,因遥以汰黄,可无漫溢之虞。黄水归槽,借缕以束黄,可免淤淀之患耳。"[64]

实际上,潘季驯虽然强调缕堤的束水作用,有时又认为缕堤可有可无。说道:"缕堤即近河滨,束水太急,怒涛湍溜必至伤堤。遥堤离河颇远,或一里余,或二、三里。伏秋暴涨之时,难保水不至堤。然出岸之水必浅,既远且浅,其势必缓,缓则堤自易保也。或曰:然则缕(堤)可弃乎? 驯曰:缕(堤)诚不能为有无也。宿迁而下原无缕堤,未尝为遥(堤)病也。假令尽削缕堤,伏秋黄水出岸,淤留岸高,积之数年,水虽涨不能出岸矣。第已成之业不忍言弃。"[65]他这里不再重视"拘束水流,取其冲刷"的效益了。在第三次任河官大举修堤之时,也曾说:"北岸自古城(江苏泗阳县西北与宿迁县界毗连)至清河(江苏淮阴),亦应创筑遥堤一道,不必再议缕堤,徒糜财力。"[66]这里并没把缕堤放在日程上。就明、清实情看,双层堤也并不能增加安全。有技术原因,也有社会原因。缕堤一溃,遥堤常随之而决。由于缕遥之间不经常流水,地势较滩唇为低,缕堤溃水猛冲而下,每难抵御。加以遥堤不常临水,獾洞、蚁穴等隐患较多,遇水即易出险。后世的"民埝"实为缕堤的延续,惟其作用不同,只在于保障民埝与大堤间的农产。所以对于废除缕堤与民埝的议论很多,要求"展宽河面以容盛涨"。

万恭对于四种堤作如下的评论:"黄河四堤,今治河者多重遥、直而轻逼、曲。不知遥者利于守堤而不利于深河,逼者利于深河而不利于守堤;曲者多费而束河则便,直者省费而束河则不便。故太遥则水漫流而河身必垫,太直则水溢洲(滩)而河身必淤。四者之用有权存焉,变而通之存乎人也。"[67]他虽主张四堤并用,但又提出要因地制宜,随机应变。从"缕堤"变为后世的"民埝"看,似已否定缕堤之攻沙作用。而对于防水的遥堤,则极为重视,作为防护的主要对象,一般称之为"防洪大堤"或"大堤"。

第四,略述减水坝的创建。

那么,遇到特大洪水如何处理呢?潘季驯于堤上修减水坝,而盛行于清初。潘季驯创建三坝时说:"黄河水浊固不可分,然伏秋之间淫涝相仍,势必暴涨。两岸为堤所固,水不能泄,则奔溃之患有所不免。今查得古城镇之崔镇口、桃源之陵城、清河之安娘城,土性坚实,合无(理当)各建滚水坝一座,比堤稍卑二、三尺,阔三十余丈。万一水与堤平,任其从坝滚出,则归槽者尝盈而无淤塞之患,出槽者得泄而无他溃之虞。全河不分而堤自固矣。"^⑱这次建滚水坝四座,修建旧闸三座。

潘季驯认为"滚水石坝即减水坝也"^⑲。而清初陈潢则加以区分,说道:"减坝与滚坝不同。减坝坝面与地相平,过水多,滚坝坝面比地高,过水少。减坝惟可设于河之南,滚坝兼可设于河之北。盖南岸自河南起,下至江南(江苏),内有淮河,更萧、砀两邑而东又多湖荡,均仍归淮,下抵清口(为淮河汇黄,亦即洪泽湖出口,在淮阴西南)。其从来淮弱黄强,黄涨之时,淮不能敌黄,则清口倒灌,每能阻运。今以减上游之水,仍济下游敌黄之用,诚为一举数得之工。但建造之计少有不固,则必致下淹民田、上分河溜,为害无穷。"^⑳陈潢提出,减坝除分泄黄洪之外,又有于清口敌黄、利运之功。

滚水坝与减水坝实为明、清治河创举,但也是一个争论焦点。可能由于有以下几个问题难得适当解决:一是,黄河左右摆动,坝位失效,河身淤淀,高低失宜;二是,对分泄量没有准确计算,效能难估;三是,分泄对于河身的淤淀的影响有不同的估计;四是,分泄出路得不到适当解决,为害下游;五是,闸坝建筑安全还有问题。总之,减水坝还有些问题待解决,但仍不失为一项重要措施。

第五,略述护堤的埽、坝及导流的引河工程。

堤身临河段必有防护工事。清朝对此特为重视,并有所发展。水刷堤根,日久坍塌,或遇急溜顶冲,倏忽崩塌,均能成决。在这种危险堤段需修建防护工程,每称险工。又如一时流势变化,直射堤身,需要紧急抢护,也称险工,或新工。险工就成为堤防的关键地段。为了改变险工形势,或预防新工发生,也常采取间接的防御措施,如修建工程以改变流势,类似调整河槽工事,这是一种比较主动的防护措施。

清初靳辅论守险之法有三:一曰埽;二曰逼水坝;三曰引河。三者之用,各有其宜。又说:"诸如此者,殆如御敌然。埽之用,是固其城垣者也。坝之用,捍之于郊外者也。引河之用,援师至近开营而延敌者也。夫吾既修其内备,而外又或捍之,或延之,敌虽强,未有不迁怒而改图者。防险之法尽矣。"⑪

清朝刘成忠论防险之法有四:一曰埽;二曰坝;三曰引河;四曰重堤。所谓重堤即遥缕二堤。说道:"四者之中,重堤最费而效最大。引河之效亚于重堤,然有不能成之时,又有甫成旋废之患,故古人慎之。坝之费比重堤、引河为省而其用则广。以之挑溜则与引河同,以之护岸则与重堤同,一事而二美具焉者也。埽能御变于仓卒,而费又省。故防险以埽为首。然不能经久,又有引溜生工之大害。就一时言则费似省,合数岁言之则费奢矣。"⑫

埽是在险工河段建筑于堤的临河工程,是我国很早的防险措施之一,建造之法古今变化亦大。迨至清朝,主要以埽工护岸,并以秸、草为主要建造材料。但以料物易集,建造迅速,诚如刘成忠所说:"能御变于仓卒,而费又省。"当然也有易腐的缺点。惟其用途较广,如堵口进占、合龙皆用之,且用以建筑挑溜坝。

除于堤的临水面建造防护工程以外,还有"包滩"(护滩)之法,即用以防护堤的前缘阵地,免使河流主槽近堤。此外还有对头坝,用以控制河槽,使水走中泓,挑水坝用以逼使水流离岸,以及裁弯、堵串沟、挖引河等改造河形、导引流势等工程。都可视为间接的防御措施。一般则以直接的防御为主,而以间接的防御相配合。

第六,略述修守、管理制度的建立。

由上述可见,明、清对于筑堤纳水于一槽之后,对于堤的防护又采取了各种措施。而各项工程建成之后,又必随时修补,严于防守,才能发挥其作用。明朝万恭说:"有堤无夫与无堤同,有夫无铺与无夫同。"⑬潘季驯说:"河防在堤,而守堤在人。有堤不守、守堤无人,与无堤同矣。"⑭清朝嵇曾筠也说:"河工要务全在坚筑堤防,尤贵专人修守。有堤而无人则与无堤同,有人而不能使其常川在堤,尽修堤之力,则又与无人同。"⑦堤由土筑,雨蚀风剥,水汕浪刷,需要年年加培。埽由草镶,沉蛰腐朽、走失,也要年年加帮。旧例每年冬春进行修补,因有"岁修"的名称,也定出一些制度。如潘季驯主张"每岁务将各堤顶加高五寸,两旁汕刷及卑薄处所,一体帮厚五寸。"⑦凡有发现堤身高厚不足的,也应在岁修时加培。靳辅说:"宿迁县以下至清河县,两岸遥堤除见高出水迹五尺者不议外,其不及五尺者再行加高,以高出大涨水迹五尺为度。堤外随水势深浅,用顺埽一例镶护,以防风浪,以保伏秋。方称安全。"⑦除了岁修之外,又有所谓"大治",就是在河道败坏已极,或发生决口改道之事以后,进行每一次大规模的堵口复堤或培修新堤工程。且有详细条例。

在伏秋水涨之时,更应加强防守,称为"防汛"。潘季驯有四防二守之法。⑧四防是:昼防、夜防、风防、雨防。二守是:官守、民守。所谓官守,是经常驻堤防守的工人。堤上每三里设铺一座,每铺夫三十名。民守则由附近临堤乡村,每铺各添派乡夫十名,水发上堤,水落即放回。这是当时的一种管理制度,多奉为防守法规。

话又说回来了。自明朝中叶以后,大都持筑堤之议,而重点仍为徐州到淮阴一段。徐州以上则守北堤,淮河则守高堰。治河的主要任务为"保漕"。各家之论治河者,大都不出这个范围。即偶尔提及河南、山东的防务,也并非为全局着想。如潘季驯所论:"……奔溃决裂之祸,臣恐不在徐、邳,而在河南、山东也。缘非运道经行之处,耳目所不及见,人遂以为无虞。而岂知水从上源决出,运道必伤。往年黄陵岗(今山东曹县西南,与兰封交界处)、孙家渡(今河南荥泽县境)、赵皮寨(今河南兰封县境)之故辙可鉴乎!"⑦治河不从全局出发,虽在策略和措施上有所发展和改革,但终仍灾害频繁,民不聊生,而所谓"保漕"的任务也难以胜利完成。

7-6 黄、淮分泄与改河北流的争论

分黄导淮之议,倡于明朝中叶后期,也正是"北堤南分"实践结束之时。及至筑堤完成,纳水归于一槽之后,河水大都由徐、邳东下,清口

淤积顶托的形势日益严重。清口本为泗水入淮之口,黄河夺泗汇淮之后,便成为黄、淮、运相会之所。由于黄河的来会,清口便逐渐淤积,因而顶托淮水,不得畅泄。于是洪泽湖也日益扩大。久之,清口便成为淮河注入湖后的出口,也就成为洪泽湖口。这样,湖面日大,将危及泗州明朝祖陵(今江苏盱眙县北)安全。而清口的淤积则又影响苏北漕运畅通。为了减轻这种威胁,便又有人提出分黄导淮的办法:一方面在宿迁、桃源、清河一带,使黄河向北分流;另一方面导淮由射阳湖入海。但是,如果这样办,又引起另外一个矛盾。就是大明的天下,全由于祖陵所在的"风水"而得,即祖陵位于黄、淮交会于清口的上游。如按上述建议实施,黄、淮分流,便不会于清口了。所以建议的人已经冒有生命危险,实施的希望就更微了。但是从另一方面看,祖陵安危已受严重威胁,漕运又日渐阻塞,则必为明王朝统治者所急待解决的课题。因之,凡是利于下游宣泄,减轻清口淤积等方案,又必为当局所关怀,然又必涉及分黄导淮等策略。在这一微妙的矛盾情况下,分黄导淮的议论仍然很多。虽偶有小试,由于不影响黄、淮相会于清口的局势,所以也并非两河分流之举。

明朝万恭是主张筑堤纳水归于一槽的,但却主张分淮南流,由射阳湖入海,以救淮安(明为府,今为县)。不过,他认为这个建议将遭受很多人的反对,甚至获罪。他说:"若导黄河经河南,会淮水于颍川、寿春(即由河南南岸分流入于淮),势既不能;若任淮水之灌淮安,势又不可。惟朝廷定策,固高(邮)、宝(应)诸湖之老堤,建诸平水闸,大落高、宝诸湖之巨浸,广引支河归射阳湖入海之洪流。乃引淮河上流一支入高、宝诸湖。如黄河平,则淮水会清河故道,从淮城之北同入于海;如黄河涨,则淮水会高、宝湖新道,由射阳湖从淮城之南同入于海。则淮安全得平土而居之乎!然非朝廷定策,则首议者不免为晁生(汉晁错)以说耳。"[38]这篇措词是很谨慎的。只提淮安,不言清口。仅议引淮河上流一支,而避谈导淮。实则此议是一个导淮计划。

万历五年(公元一五七七年)黄河决于崔镇(今泗阳西北)。河道都御史傅希挚议堵筑决口,束水归槽。漕运侍郎吴桂芳欲使决口冲刷成河,以老黄河为入海之道[39]。所谓老黄河,即为由泗阳沿北六塘河,于灌口入海之道。如由此入海,则黄淮分流。潘季驯这时第三次任河官,在《两河经略疏》中,有暂寝老黄河之议,认为复黄河故道有三不便,并提出自己的治河意见。但主张恢复黄河故道者依然大有人在。

万历二十四年(公元一五九六年),詹在泮等开桃源黄坝新河,自黄家嘴起,至五港灌口止,分泄黄水入海,以抑黄强。导淮,辟清口沙七里,建武家墩泾河闸泄淮水,由永济河达泾河,下射阳湖入海。又建高良涧、子婴沟、周家桥(等)减水石闸,以泄淮水[82]。工成后,认为“通漕、护陵、分黄、导淮”有功,对所有参与官员,分别升录廪叙[83]。这是分黄导淮的一次小试。张兆元对其效益给以很高的评价:“河之为患,自古记之矣,然未有害及陵寝如今日者。当事者乃开黄坝以分黄,辟清口以纵淮,而又开周桥、武墩、高涧以消盱眙积水,又浚五港灌口以广下流。所谓治本治标之策,可谓曲中肯綮矣。”[84]

明朝主张分黄导淮的意见颇多,只是对怎样分、怎样导、谁先谁后有分歧。而目的则在于“避时下泛涨之水,纾祖陵眉睫之急”。反对者的意见,则如蒋春芳所说:“分黄之功遂成,则淮黄不交,有伤王气。”[85]倡议者与反对者的意见,都集中在朱家祖坟与明朝王气这一主题上。那么,明王朝统治者也真是左右为难,只有听其自然。

清初,徐州到淮阴的运河脱离黄河。为漕运而治理的关键地区,则集中到黄、淮、运交会的清口一带。治理之法,主要在于利用洪泽湖蓄淮河清水,一部分用以济运(苏北),一部分用以刷黄。因之,高堰(洪泽湖东堤)的防护亦是重点。然由于刷黄的作用不显,清口日淤。在摆脱了明朝所谓“祖陵”与“王气”的束缚之后,已不再提“分黄”,而主张改道了。虽初仍多议于宿迁到淮阴间的北岸改道入海者,但已冲破这一地区范围,而提出改道北流入渤海的建议了。

清初胡渭是崇慕禹道之一人。但以势不能复,遂议决河于封丘的金龙口(荆隆口),使黄河北行由大清河入海。胡渭泥于禹道的传说,认为江、河、淮、济四渎乃天定。“……居今日而规复禹河,是犹坐谈龙肉,终不得饱也。河之离旧愈远,则反本愈难。但得东北流入渤海,天文地理两不相悖,而河无注江之患,斯亦足矣……封丘之东,地势南高而北下,河之北行其性也……”当然,他也考虑到漕运问题,说:“设会通(河)有时而不用,则河可以北。"⑧胡渭的改河北流观点,在清朝是很有代表性的。

其后,孙星衍也建议北流由大清河入海。因袭崇古思想,并迎合统治集团的迷信心理,提出由大清河入海的两项理由。他考证大清河在济阳以东一段,为"禹厮二渠"之一的漯川故道,又以"大清"象征"大清帝国",因之说:"且夫浚齐桓已塞之河,复大禹二渠九河之迹,神功也。河名大清,百川之所朝宗,美瑞也。"⑧所持理由虽无可取,却表达了当时改河北流的一种观点。

乾隆年间,议改河北流由大清河入海者亦颇多。陈法引述明朝刘天和与万恭的论著,说明河南、山东、江苏、河北一带形势,"西南高阜,东北低下","河南属河上源,地势南高北下,南岸多强,北岸多弱"。接着他说:"由是言之,二公非不知地势之南高北下,非不知水性之就下,而终强河使南者,以妨运也。然虽强之南,而河屡决而之北,而其决又多自金龙口。其北者,多由濮、范注张秋,由大清河入海。"⑧他根据地形的分析,淮、黄交流的危害,提出了由大清河入海的主张。对于改河后的漕运,他提出两项建议。一是,"漕舟由汶(会通河)入河,由河入海,其达津门也,一日夜耳"。二是,"今卫入漳之上,辟开河以斜入于黄。审其地势,以次为数闸,以节宣之。由汶达河,由河溯卫,以入于漳。是不过迁漕舟一二日之程"⑧。其后,乾隆曾认为,"其欲复黄河故道使之北流者,既迂远难行……"⑨改道北流的建议已被否定。

乾隆四十八年(公元一七八三年),大学士嵇璜因青龙冈(今河南兰考境)漫决,滔滔东下,建议因势利导,按东汉王景所治,由千乘(今山东利津南北的广大地区)之道入海。交阿桂等议复。而乾隆早有"朕揣形势,以为其事难行,是以迟徊久之"的表示。阿桂等议复,"揣时度势,断不能行。"说:"始而南流八分,今则全归南注。地形北高南低,水性就下。惟应补偏救敝,以复其安流顺轨之常。山东地高于江南,若导河北注,揆之地形之高下,水性之顺逆,断无是理。"⑨对于地形之高下,以无全面测量,且河流长期南北泛滥,冲积形势时变,若但凭局部一时观察所及,自有"北高南低"或"南高北下"的不同。因之,也就难以得出结论。

乾隆只是认为改道北流"其事难行",而坚欲维持"南道"者,明、清亦不乏人。且有人主张,河道不限南北,应因势利导之者。

清末,魏源著《筹河篇》,也主张改河北流,由大清河入海。在分析当时河道形势后说:"由今之河,无变今之道,虽神禹复生不能治,断非改道不为功。人力预改之者,上也。否则待天意自改之。虽非下士所敢议,而亦乌忍不议!"他从历史的研究,主张因势利导,以改河北流为上策。但是他接着又说:"然而事必不成者何也? 河员惧其裁缺裁费,必哗然阻,畏事规避之臣,惧以不效肩责,必持旧例,哗然阻。一人倡议,众人侧目。未兴天下之大利,而身先犯天下之大忌。盘庚迁殷,浮言聒聒。故塞泽洞之口易,塞道谋之口难。自非一旦河自北决于开封以上,国家无力以挽回淤高之故道,浮议亦无术以阻挠建瓴之新道,岂能因败为功,邀此不幸中之大幸哉!"真是"不幸而言中",三年之后就决于河南兰阳铜瓦厢,改道北流,经大清河入海了。

冯桂芬建议,由直隶(河北)、河南、山东三省,编测各州县高下,缩为一图。乃择其洼下远城郭之地,联为一线,成为新道,以达于海[②]。这是离开历史性的所谓北道、东道、南道,根据实测地形高下,选出一个新道的建议。所议也是走向近代治河的第一步。

当时,由于对自然形势与河流规律的认识不足,又加以治河任务的局限,地区、派别、私利意见的分歧,对于分流导淮与改河北流等议论虽多,但无所采择,只有听其自然泛流与改道而已。

7-7 反对单纯防河,提出治河要求

关于黄河的治理,有两个长期争论的问题。一是纳水归于一槽与多支分流之争,从古代的障与疏,到后世的筑堤与分流,都属于这一类,二是维持现有河道与改河他行之争,从北宋回河之争,到明、清分黄导淮与改河北流之议,都属这一类。当然,在历代治河的建议和实践中,还有许多争论的内容。不过以上二者则最为突出。单就这两项争议说,筑堤、分流、改道,都应属于治河的范畴,似不应有治河与防河之分。但由于黄河是一条含沙量特高的大河,有"善淤、善决、善徙"的特点。

也就是说,它淤成地上河后,便有决口改道的危险。所以,筑堤应视为治河的一种方法,而不应视为唯一的方法。加以采取筑堤纳水归于一槽的策略后,水灾依然频繁,河身依然淤高,而又没有进一步改善的方法。因之,在二三百年以后,便有人提出"今日之黄河,则有防无治"的指责,自亦持之有故。

万恭说:治河应当"因其势而利导之,防约之,有补偏救敝之方,无一劳永逸之策。治河者不出此两言而已"。关于"利导之"有一段解释说:黄河上源支河一道,自归德饮马池……出宿州小河口,今淤。"若河趋,则因势利导之,而丰、沛、萧、砀、徐、邳之患纾矣"㉝。万恭是主张纳水归于一槽的。但以徐州卡水,下泄量小,所以建议大水时因势利导,于归德至宿州间开支河泄流。而潘季驯则坚持"防之乃所以导之也"㉞。"盖筑塞似为阻水,而不知力不专则河不刷,阻之者乃所以疏之也。合流似为益水,而不知力不弘则沙不涤,益之者乃所以杀之也……每岁修防不失,即此便为永图"㉟。他认为,筑堤就起着疏导的作用,也就是能起着安全泄洪的作用。他又说:"治河者必无一劳永逸之功,惟有补偏救敝之策。不可有喜新炫奇之智,惟当收安常处顺之休。毋持求全之心,苛责于最难之事。毋以束湿之见,强制乎叵测之流。毋厌已试之规,遂惑于道听之说。循两河之故道,守先哲之成规,便是行所无事。舍此他图,即《孟子》所谓恶其凿矣。"㊱他这里所谈的"补偏救敝之策",自然不包括分流、改道一类的内容。筑堤修守以外的事,似乎就是"喜新炫奇"。治河即有些不足,似乎也不必求全责备。这便对于治河带来了安于现状,不求有功,但求无过的不良影响。

"坚筑堤防"较诸明初分流的灾害已大为减轻,但未能防止"地上河"的发展,而又不事坚守,以致经常溃决。决而复塞,塞而又决,日处被动之中。加以威胁当时治河的主要任务(漕运)不能完成。这就从治河方略上引起各方不满意的议论。

清范玉琨说:"独至今日之黄河,则有防而无治。而以防为治,即治之而终不效。"治河者只知道抢险防汛,斤斤于筑堤厢埽,"而不复再求疏刷河身之策,渐致河底垫高"。他认为,这都是由于"未深求治之之要有以致之也"㊲。魏源也有类似的观点,"但言防河,不言治河,故河成今日之患。""故今日筹河,而但问决口塞不塞,与塞口开不开,此其人均不足以言治河者也。"⑱范、魏等人并没提出不要堤的意见,只是认为,不应单把抢险、堵口、厢埽、防汛等防河的手段视为治河的全面工作,而提出责难。这也确为后世流弊之所在。万恭、潘季驯等人当时筑堤虽然起到一定的进步作用,而后人则又提出治河的更高要求,这是很自然的,也是社会前进的一种表现。

明、清治河的议论,不仅有分流、筑堤、改道的内容,还有容水与留沙的建议(见第十一章)。但以后者没被重视,所以议论较少。清朝改河之说甚盛,多以此为治河之一道,从而反对"以防为治"。虽有所偏,但却说明当时不满意于治理的现状,而欲有以改进之策。

五十年前,也曾接触一些河工人员,并且听到"只有防没有治"的议论,觉得有道理。但进一步询问,应当怎样治? 则很少回答。又问,防是否做到完美的程度? 有的摇头,有的无言。这就足以说明,清朝后期,对于当时的单纯堤防深感不足,但还提不出治河的办法来。那时是正在摸索前进之中,是过渡时期的一种表现,是由古代科学技术向近代科学技术治河过渡的一种表现。

注:

① 、⑰黄河水利委员会:《人民黄河》第二篇,第一章,第二节,水利电力出版社,1959 年。

② 、㉚、㉜、㊻、㊽、㊾、㊿、○94、○96潘季驯:《河防一览》卷二《河议辩惑》。

③冯祚泰:《治河后策》下卷《贾鲁治绩考》。

④《续行水金鉴》卷二,卷三。

⑤ 、⑪、⑭、⑳、㉖、㉗、㉘、○62、○67、○73、○80、○93万恭:《治水筌蹄》。

⑥郭起元:《介石堂水鉴》卷二《洪泽湖说》。

⑦列宁:《国家与革命》第一章,人民出版社,1964 年。

⑧潘季驯:《河防一览》卷十一《停寝皆家营工疏》。

⑨常居敬:《祖陵当护疏》,见潘季驯:《河防一览》卷十四。

⑩《明孝宗实录》,见《行水金鉴》卷二十。

⑫、○43《明穆宗实录》,见《行水金鉴》卷二十六。

⑬、⑮《靳文襄公奏疏》卷八《两河再造疏》。
⑯林修竹、徐振声:《历代治黄史》。
⑱《豫河续志》卷六沿革第二之六。
⑲、㉔刘天和:《问水集》卷一《统论黄河迁徙不常之由》。
㉑孙鼎臣:《河防纪略》。
㉒包世臣:《中衢一勺》卷二《答友人问河事优劣》。
㉓《后汉书·明帝纪》。
㉕《续文献通考》,见《行水金鉴》卷三十九。
㉙佘毅中:《全河论》,见张希良:《河防志》卷十。
㉚、㉞潘季驯:《刻河防一览引》。
㉝、(61)、(76)潘季驯:《河防一览》卷十二《恭报三省直堤防告成疏》。
㉟、(97)范玉琨:《安东改河议》卷一《熟筹河工久远大局奏稿》。
㊱《明英宗实录》,见《行水金鉴》卷十九。
㊲宋濂:《治水议》,见吴山:《治河通考》卷九。
㊳《续文献通考》,见《行水金鉴》卷二十一。
㊴《明纪事本末》,见《行水金鉴》卷二十。
㊵《明孝宗实录》,见《行水金鉴》卷二十一。
㊶《明世宗实录》,见《行水金鉴》卷二十二。
㊷《明世宗实录》,见《行水金鉴》卷二十三。
㊹《明穆宗实录》,见《行水金鉴》卷二十七。
㊺《明神宗实录》,见《行水金鉴》卷二十七。
㊼《南河全考》,见《行水金鉴》卷三十九。
㊽万恭:《治水筌蹄》,见《行水金鉴》卷二十九。
㊾潘季驯:《河防一览》卷十《恭诵纶音疏》。
㊿潘季驯:《总理河漕奏疏》卷一《申明修守事宜疏》。
(51)潘季驯:《河防一览》卷十二《并勘河情疏》。
(52)靳辅:《治河方略》卷二。
(53)、(86)胡渭:《禹贡锥指》。
(54)陈法:《河干答问·论开河不宜筑堤》。
(55)、(66)、(68)潘季驯:《河防一览》卷七《两河经略疏》。

58、69、78潘季驯:《河防一览》卷四《修守事宜》。

59靳辅:《靳文襄公奏疏》卷五《善后事宜疏》。

60范玉琨:《佐河刍言·论对头坝》。

63靳辅:《靳文襄公奏疏》卷二《敬陈经理第一疏》。

64、70陈潢:《天一遗书》。

71靳辅:《治河方略》卷一《防守险工》。

72刘成忠:《河防刍议》。

74潘季驯:《总理河漕奏疏·河南岁修事宜疏》。

75嵇曾筠:《河防奏议》卷五《设立堡房堡夫》。

77《靳文襄公奏疏》卷八《敬陈岁修疏》。

79潘季驯:《河防一览》卷十一《申明修守事宜疏》。

81《明神宗实录》,见《行水金鉴》卷二十九。

82《南河全考》,见《行水金鉴》卷三十七。

83、85《明神宗实录》,见《行水金鉴》卷三十八。

84张兆元:《分黄导淮议》,见《行水金鉴》卷三十七。

87孙星衍:《禹厮二渠考序》,《孙渊如诗文集·平津馆文稿》。

88陈法:《河干问答·论河道宜变通》。

89陈法:《河干问答·论运道宜变通》。

90《河渠志稿》,见《续行水金鉴》卷十三。

91康基田:《河渠纪闻》卷二十八。

92冯桂芬:《改河道议》,见岑仲勉:《黄河变迁史》第十四节下。

95潘季驯:《河防一览》卷八《河工告成疏》。

98魏源:《筹河篇》。

第八章　潘季驯的治河业绩及其局限

潘季驯(公元一五二一年至一五九五年)在明朝中期的二十七年间,先后四次任治理黄河的主管官,实际共任职九年弱①。前两次任职较短。他的主要治河成就在第三次任职期间(公元一五七八年至一五八○年)。第四次治河虽时间较长,但少所建白。

这时黄河走"南道",即自开封而东,经商丘,到江苏徐州注泗水,南流到淮阴汇淮河,东流入海。也就是清末改行现在河道后的"废黄河"。

8-1　时代背景与明朝初期治河情况

长期的封建社会,到了明朝已开始有所变化。农民起义领袖朱元璋建立明朝后,巩固了国家的统一,加强了中央集权。他注意发展生产,使明朝初期的封建社会经济、政治一度有所发展。到了明朝中期,由于商品经济的迅速发展,开始出现了资本主义萌芽。这样,封建生产关系成了生产力向前发展的障碍,封建社会从此走上了衰落的道路。

在这个历史转折时期,全国各地先后多次爆发了农民起义。同时,城市市民也开展了反对封建压迫的斗争。这时官僚大地主阶级,为了维护自己的腐朽统治、挽救封建制度的危机,疯狂镇压农民起义,压制商品经济发展。

至于明朝早期的治河方针和河流情况,已如第七章所述,是多支分流下泄的。黄河下游两岸修建系统的长堤防水,到这时大约已经两千年了。由于河患依然严重,有些人则一直向往传说中禹"疏九河"的治水功绩,便常采取分疏的方法,或者听从水的多支分流下注。在"天命观"和"法先王"的思想掩护下,腐朽的封建统治阶级,就可以心安理得地不关心治河,听其分流纵横,民不聊生。

例如,明洪武十四年(公元一三八一年)秋,河南原武、祥符(今开封)、中牟河决为患。明太祖接到治理的报告以后说:"此天灾也,今欲塞之,恐徒劳民力",遂听之。次年又说:"大河之水天泉也,必有神以司之。"②其后,宋濂说:"盖流分而势自平也",如果与水争利,也就是不让河多占些地,还不如听其自然,不治为好。③而杨一魁较之前人又更进了一步,主张"三河并存,南北相去约五十里,任其游荡,以不治治之"④。"以不治治之"的所谓方针,是很有代表性的,是在自然面前无所作为的"听天由命"和"率由旧章"的观点。这正是当时水灾严重的重要原因。

在长期的分流泛滥之后,到隆庆三年(公元一五六九年),便有堵塞决口、停开支河的建议,并于三年后开始筑堤。潘季驯在嘉靖四十四年(公元一五六五年)和隆庆三年两次短期任河官亲身体验的基础上,并总结群众和前人的经验,在万历六年(公元一五七八年)第三次治河时,乃毅然提出"坚筑堤防,纳水归于一槽"的方针,并得以贯彻执行,且多为后人所支持,河流的情势乃为之一变。

由此可见,黄河灾害的频繁严重,固然不能忽视其自然原因,但更不能轻视其社会原因。

8-2 治河经过

由于黄河灾害严重,影响经济发展和"南粮北运"畅通。万历五年(公元一五七七年)河决桃源崔镇,黄水北流;淮决高家堰,全淮南徙。当时河官争议不合,"张居正深以为忧"⑤。在张居正的极力推荐下,潘季驯于次年二月任总理河漕之职。这是潘季驯第三次治河。

潘季驯这次治河,兼管黄河的治理和漕运的畅通,和他前两次只管黄河不同,事权统一了。同时,对于黄河和运河所经的河北、河南、山东、江苏四省地方官,还掌握保荐升赏或提问惩罚之权。至于统领军务,仍按旧例办理。事权统一,力量集中。

由于地区、派系和思想不同,治理黄河的议论也很多;加以灾害频繁严重,意见尤为分歧,河官每难久任。潘季驯请"息浮言"⑥。工部签复,以后所有关于条陈治河利害的公文,一概发交治河主管官,"斟酌可否,明白具奏"。可见,不只行政权统一,计划权也统一了。对于治河方针和措施,也可得以全面掌握安排。

潘季驯到职后,便"相度地形",悉心规划,连上两个奏章。一奏治河方略六条(《两河经略疏》);一议经理事宜八条(《河工事宜疏》)。均经批准,如议施行。在两个批文中还有一些明确的指示。如,对于治河有关人员都由潘季驯开送吏部,"暂停升调,通候河工完日,总论功罪,大行赏罚。若有才干不相宜者,即便遴选,具奏更调";至于"推诿误事"人员,准其"不时参奏处治";还进一步指出,"毋得避怨姑息,自误大事"。对于工程计划,如有未尽事宜,或原议有不合处,准其"陆续奏闻,务求有益"。关于治河费用,则令工部会同户部"上紧议来"⑦。在当时的政治情况下,这两个"圣旨"可以说是对潘季驯的全面支持。而对于所有指示,以后也都见诸贯彻,非同空文。这样,次年冬两河工程完毕。又在堵口取得初步成效时,张居正去信鼓励说:"凡南来者皆称工坚费省","公之功不在禹下矣"。还表示渴望能亲自看到这些壮观的治河工程。这对于事业的顺利进展,也必然是一种推动力量。

万历八年(公元一五八○年)二月,以河工告成,提升潘季驯的官职,于九月水落后离开治河职务⑧。张居正死后,其家被抄。统治阶级内部互相攻讦,潘季驯以袒护张,被劾"落职为民"⑨。后来又经过推荐,潘季驯第四次治河,为期近四年(公元一五八八年至一五九二年),情况就大不相同了。思想保守,畏葸不前,既没能在已有经验的基础上继续前进,对于水患则呈现手足无措的被动状态。终以安徽洪水积久不消,去职。

8–3　治河理论和技术的发展

潘季驯治河在思想上采取主动态度,积极以人力防御洪水、便利漕运;在认识上从黄河挟带泥沙量大、河身易淤善变的特点,探索治理的策略;在方针上要求维持一条比较稳定的河道,反对多支分流;在措施上采取坚筑堤防,束水归于一槽,并创建减水坝以杀水势,有了决口就从事堵塞,不使泛滥漫流。这就从根本上改变了以前多支分流的治水方针。

长期以来,黄河得不到正确的治理,流系紊乱,灾害严重。自宋高宗建炎二年(公元一一二八年)杜充决河南流后,金、元利河南行。虽南北泛滥频繁,而大势南趋。迨至明朝开国后的一百九十年间,又改道七次,而且经常多支分流下注,呈现极混乱的局面。当时议治河者亦极纷纭,甚至提出"以不治治之"的方针。而潘季驯则明确提出束水归于一槽的倡议。他认为:"分流诚能杀势,然可行于清水之河,非所行于黄河也。黄河斗水,沙居其六。以四升之水载六升之沙,非极迅溜湍急,则必淤阻。分则势缓,缓则沙停。沙停则河饱,饱则夺河。"⑩对于含沙量的认识虽不准确,但基本上抓住了黄河的特点,探索治理的方案。为了实现这一倡议,就主张南北两岸"坚筑堤防"。并针对黄河淤淀的严重情况,在"筑堤束水,以水攻沙"的理论下,又倡导于堤内再筑缕堤束水的办法。

黄河下游淤淀严重,这一现象很早就为人发现。但从理论上则很少有人提出明确的治理意见。在潘季驯第三次治河以前,万恭提出:"夫水之为性也,专则急,分则缓。而河之为势也,急则通,缓则淤。若能顺其势之所趋而堤以束之,河安得败。"⑪这正是从泥沙运行规律的初步认识,反对多支分流,并提出"堤以束之"的建议。潘季驯既有前两次的短期治河经验,又在前人认识的基础上,提出了"束水攻沙"的理论,并以此为据,提出"坚筑堤防,纳水归于一槽"这一治河方针。

是甘作黄河的奴隶,还是采取主动治理,是治河成败的关键所在。潘季驯在"天命论"的阴云笼罩下,则提出河之治乱"归天归神,误事最大"⑫。于河道敝败已极之后,毅然担任治河工作,并期三年有成。这是以主动的态度与自然作斗争,不甘作自然的奴隶的思想。

在这种思想的指导下,在对河流认识的基础上,到任后的第一个重要奏章《两河经略疏》中,就表达了他的治河原则。他首先提出堵塞决口以挽归正河;接着就要求坚筑堤防以杜绝溃决。为了防止特涨漫堤决口,则创建滚水石坝,于水涨到一定高程时,自然分泄洪水,水落即止。最终目的就是要维持一个比较稳定的河道。

潘季驯的治河方略,是对过去长期治河的一大改革。为使这一方略得以贯彻执行,他对于基本原则作了很详尽的阐述,对于筑堤制度和防守规则的制订也很详尽。最后,他把治河的理论归纳为:"筑堤束水,以水攻沙"[13];"借水攻沙,以水治水"[14]。这就为治河开辟了一条道路,并且基本上为后人所遵循,一改以前多支分流、改道频繁的局面。自明世宗嘉靖三十七年(公元一五五八年)黄河改道,直到约三百年后,即清末咸丰五年(公元一八五五年),黄河在河南兰阳铜瓦厢决口,才改道北流,即现今的河道。在没落的封建统治下,虽然决口依然频繁,但较之在所谓"以不治治之"的思想指导下,有了决口不事堵塞,听其泛滥分流或改道它徙,其灾害情况当大为减轻。

在当时的科学技术条件下,潘季驯根据客观情况的分析,所提出的治河方法是黄河史上的一大进展。在二十世纪二十年代前后,西方专家对于黄河治理也先后有所建议,但大都没有超出"筑堤束水"的范畴,有的甚至认为黄河没法治。而潘季驯在十六世纪七十年代就提出了他的理论,并满怀信心地加以实践,取得一定成就,且为后人所继承遵守。虽然结果没有像他所预料的那样理想,而对于治河前进的贡献,则是应当肯定的。

潘季驯治河,是在洞悉河流变迁趋势,探索河流运行规律,总结群众治水经验,发扬前人正确建议,从改造自然的观点出发进行的,所以能够取得一定的成就。

8－4 崇古思想阻碍治河发展

潘季驯有朴素的唯物观点和革新精神。在《禹贡》"播九河"、孟子"疏九河"等"经义"面前,在明太祖宣扬"天命观"和长期多支分流的形势下,坚决提出筑堤束水归于一槽的倡议,并且付诸实施,这是很可贵的。但是,由于他受崇古思想的毒害甚深,迷信"圣人之言",而不能从实践中作进一步的观察、分析,以提高认识,终于局限其对于治河的发展。

他在引述孟子的话以后说:"是大智者必师古,而不师古则凿(不合义理)矣。"⑮在筑堤的主张遇到反对时,便引经据典、牵强附会地说:"禹之导水何尝不以堤哉。"⑯用以说明筑堤也是遵禹的教导办的。这种崇古思想就必然严重地束缚其革新精神。

他对泥沙冲淤的议论,是对于河流规律的探索,虽是初步的,但方向是正确的。但是,在讲"水之性"时,却根本不谈这个实际问题,而从"经义"作出"玄而又玄"的解释。关于河之治乱"归天归神,误事最大"的观点,本来是正确的。但是,他笔锋一转说:"神非他,即水之性也。"在引《孟子》"禹之治水,水之道也"的话以后,接着说:"道即神也,聪明正直之谓神,岂有神而不道者乎!"⑰他这段话讲得很曲折隐晦,究竟要说明什么呢? 就是说明"神"、"道"和"水之性"三者表达同样的东西。这段话的前提虽有唯物因素,而最终则引向唯心主义。换言之,他之所谓"水之性",指的不是水的客观规律,而是另外的一些东西,是受天命来到人间的"神"(按:指大禹),是"神"的主观意识。绕了个大弯,结果还是河的治乱取决于天,取决于神。这就根本推翻了他的河之治乱"归天归神,误事最大"的正确观点,走向"通于神明"的主观治水路线。

由此可见,潘季驯虽然承认河流冲淤的现象,但并不承认客观真理,只相信唯心主义的所谓"性"和"理"(道)。这个"性"和"理",决不同于他所从而得出"束水归槽"结论的"水之性",不同于他所从而得出"以水攻沙"结论的河之理。他在讲"水之性"时,抛弃了这个有唯物因素的"性"和"理",而高谈唯心主义的"性"和"理",因之就不可能认真地探索河流的运行规律,研究客观真理。这正是局限他治河继续前进的思想根源。

由于把"水之性"当作主观的东西,就可以任人解释了。他说:"水有性,拂(违背)之不可。河有防,弛(放松)之不可。"⑱他从"水之性"研究所得之结论是"全在束水归槽"⑲。而"神禹"按"水之性"所得的结论则是"播为九河"。至于为什么得出不同的结论,潘季驯从来没作正面解答。他只能毫无根据地揣测说,禹时下游河水可能没有这样混浊。而后世则有人认为这种揣测是有根据的⑳。从唯心主义出发,又怎能真正认识水之性;又怎能真正认识古今对于治河要求不同,因而采取的措施不同;又怎能把河流泥沙运行的初步探索再推向前进,把水患进一步减轻,使治河工作不断前进呢!

单靠"筑堤束水",不能使河道不淤。但是他却盲目相信,"坚筑堤防"、"束水归槽",沙就可以被冲走,河就可以被刷深,水就可以顺利地流入大海[21]。他坚信,有了这样的措施,沙便"自难垫河"[22]。他所采取的治河措施,自然较之听河水泛滥漫流或多支分流的危害为轻,而事实上河槽仍然逐渐淤高。他则满足于片面的认识,不再正视客观现实,不再进一步观察认识,而在有人提出反对意见时,又常答非所问,回避讨论,或作诡辩,以浑淆问题本质[23][24][25]。采取这种态度,自然闭塞前进之路。

因此,他便完全采取了保守态度。他认为:"惟有慎守河堤,严防冲决……舍此而别兴无益之工即为劳民,舍此而别为无益之费即为伤财。"[26]把其他一切治河措施都堵死了。后来,他把用以束水的缕堤也否定了,认为缕堤可以不筑,说它束水太急,必至伤堤[27]。只因为缕堤是已成的事业,不忍议论它罢了[28]。连用以束水攻沙的缕堤自己也否定了,那么,他提出的、令人神往的口号,"借水攻沙,以水治水",又怎样来实现呢,他没有交代。当然,这是受到当时科学技术水平的限制。就在今天,这一问题仍在研究探索之中。但从思想观点来说,也就不能不令人想到,离开辩证唯物主义,对于客观世界就势必茫然无所适从。

潘季驯所常讲的两句治河"格言",也很能表达他的思想。他说:"治河者必无一劳永逸之功,惟有补偏救敝之策。"[29]这类的话,前人也讲过,以后有更多的人引述和发挥。这可能有各种原因。如,治河无能,可以此卸责;治河意见分歧,莫知所从,便可以此循旧规办事,等等。但若从认识论上加以分析,则更能说明问题。"一劳永逸"是静止的观点,是认为掌握了永恒真理的观点,自然是错误的。因之"无一劳永逸之功"的观点是正确的。而"惟有补偏救敝"的观点则是片面的、错误的,因为它是因循守旧、维持现状、不求深入、不谋改进的观点。这和他主张"坚筑堤防,纳水归于一槽"时的精神完全不同,但却代表了他的主导思想。

8-5 政治任务对治河的局限

　　潘季驯由于其阶级立场,在治河任务上只是为地主统治阶级的利益服务,因之就不能全面着想,发挥治河的最大效益。

　　潘季驯提出的治河三项任务是:"祖陵当护,运道可虞,淮民百万危在旦夕。"㉚事实上,在统治阶级心目中,最主要的一项是"运道可虞"。惟恐每年从江南搜刮的四百万石粮食不能及时运送北京。正如潘季驯所说:"我朝河不北徙者二百余年,此兼漕之利也。""漕不可以一岁不通,则河不可以一岁不治。"㉚实际上,"治河"是沾了"治漕"的光。这也是明朝统治集团的一致看法,例不详举。因之,就连"祖陵当护",也推到治河任务的第二位上。至于"淮民百万",只不过附带一提而已。关于当时为保漕而治河的情况,以及河、淮、运三者的关系,已详第七章中,这里就不再重复。总之,为保漕而治河,则只着眼于封建统治阶级的利益,必然限制治河的规划和安排,不能从治河全局设想,不能从兴利除害的最大效益设想,因而局限了治河的发展。

注:

①在《河防一览》卷十二《并勘河情疏》中,自称先后治河十二年。但实际任职约为九年弱。如若把到任之年和去职之年都按一年计,则为十二年。

②《明太祖实录》,见《行水金鉴》卷十八。

③吴山:《治河通考》卷九《治河议》。

④《续文献通考》,见《行水金鉴》卷三十九。

⑤、⑨《明史·列传》。

⑥《河防一览》卷七《河工事宜疏》等。

⑦、⑧《明神宗实录》,见《行水金鉴》卷三十。

⑩、⑯、⑲、㉓《河防一览》卷十二《并勘河情疏》。

⑪《治水筌蹄》。

⑫、⑬、⑰、㉒、㉔、㉘、㉙、㉛《河防一览》卷二《河议辩惑》。

⑭《河防一览》卷八《河工告成疏》。

⑮《河防一览》卷七《两河经略疏》。

⑲、㉑《河防一览》卷十《申明修守事宜疏》。

⑳张霭生:《河防述言·源流第五》。

㉕《刻河防一览引》。

㉖《河防一览》卷十《恭诵纶音疏》。

㉗《河防一览》附存《堤决白》。

㉚《河防一览》卷十一《停寝眷家营工疏》。

第九章　靳辅、陈潢的治河观点

靳辅在清圣祖康熙十六年至二十六年（公元一六七七年至一六八七年）任治理黄河的主管官（河道总督）。由于受到信任，一次任职连续十年，这是黄河史上罕见的。康熙三十一年（公元一六九二年）再起治河，于这年冬逝世。

陈潢是科举考试没及格的"布衣"。后经当时任安徽巡抚的靳辅聘为没有官职、帮助办事的"幕宾"。在靳辅治河时，关于治河的规划和措施，大都采纳陈潢的建议，成为得力助手。及陈潢逝世（约在康熙二十六年），他的治河言论由同事张霭生纂为《河防述言》一书。靳辅并且把它编入奉命所写的《治河书》中，于康熙二十八年（公元一六八九年）报送圣祖。可见，《河防述言》中的治河言论和策略，也必能代表靳辅的意见，甚或有为任职大臣所不便言，而借陈潢之口以表达之者。

清王朝建立之后，社会经济、文化都一度有所发展。圣祖是一个有作为的政治家，在统一中国、抗击沙俄侵略方面做出了有益的贡献。他还关心黄河的治理及其他经济事业，并取得一定的发展。靳辅在这时治河也取得一定成就，维持暂时小康的局面。关于靳辅、陈潢的治河方略和措施，第七章已有所论述，本章愿就其治河观点略事探讨。

历代治河大都在"按经义治水"的旗帜下进行，而靳辅、陈潢则明确提出"必当酌今"的主张，则是治河文献中少见的。这正是他们治河取得进展的精神力量。不过这种见解仍是在"必当师古"的前提下提出的。因之，他们是在这个夹缝里讨生活。又加以受当时治河任务的局限，就更不能迈开步子前进了。

9－1　治河的朴素唯物观点

我国劳动人民在长期的治河斗争实践中，促进治河的理论和技术不断发展。靳辅、陈潢治河能维持暂时的小康局面,就是在总结群众治水经验的基础上取得的。他们在总结中,提出了一些治河的朴素唯物主义原则,虽然在执行中因受各种影响还有不足,却是治河史上的宝贵遗产。现在分别加以论述如下:

首先,治河应历览规度,"审势以行水"。

治河是改造自然、利用自然的工作,要取得一定的成果,就必须重视科学技术,用唯物主义观点进行研究规划。尤其是黄河,如果治理不当,便即成灾。所以凡能促进治河工作的计划措施,就必须或多或少地具有唯物主义因素。

陈潢论治河要先"审势"。他说:现在河患并发,应先考虑大势的轻重缓急。重且急的祸患,又不能只在有患的地方着眼,必须找出导致祸患的根源,先从这里治理。而势又有全体之势和局部之势,应当分别研究,根据不同情况加以适当处理。"由是观之,非历览而规度焉,则地势之高下不可得而知,水势之来去不可得而明,施工之次序亦不可得而定也"。就是说,必须在实地调查研究之后,才能知道地形、水势、祸患的情况及其根源,才能制订治理方案。若不"知势",则用力多而成功少;若"审势以行水,则事半而功倍"[①]。这是确切之论。

靳辅接受这个建议,在开始治河时,就作了一番现场查勘。事后说:历时两月有余,悉心查访观察。凡有一言可取,一事可行的,莫不虚心采择,以期得当。务能找出河道敝坏的缘由和补救的办法。于是就陆续上报《河道敝坏已极疏》和经理河工事宜八疏。初步制订了治理计划。

陈潢倡议"审势以行水",具有唯物因素,是完全正确的。但"行水"的策略必须顺"水之性",而他们对于"水之性"的认识,则纯按"经义"解释(见本章二节),因之也就把这条有唯物因素的治水倡议引入歧途,得不到正确的发挥运用。

其次,治水应审其全局,"源流并治"。

河流是一个整体,利害首尾相关。况且黄河汇淮,又横贯运河,形势更为复杂。利害尤多牵连,是只修修补补,应付一时之急,还是审其全局,源流并治,这关系到治河的方针问题。

陈潢认为,既要研究"一节之势",也要研究"全体之势"。不能因为拯救一个地方而误了全局,也不要因为图谋一时之利而遗留后患。所以他提出:"论全体之势,识贵彻始终,见贵周远近。"②靳辅也说:治河之道必当审其全局,将河道与运道作为一体,从头到尾合而治之,才能成功。又说:"凡大工之兴,先审其全势,全势既审,必以全力为之。"所以应将黄河和淮河的上下全势统行规划,"源流并治,疏塞俱施"③。

治河如能根据上下全势,统行规划,从头到尾,源流并治,必能取得进展。这种议论是有进步意义的。陈潢对于黄河为患的根源有些初步认识,可惜没有和下游的治理联系起来。他曾到过宁夏灵武等西北地区,对于黄河上游的情况有所了解,对于下游河势汹涌、水流混浊,找到一些根源。他说:黄河下游伏秋暴涨之水,皆从秦、陇、冀、豫而来。由于涨水暴而猛,一时不能宣泄,遂有溃决之事。"从来致患,大都出此"④。所说洪水的来源地区,大致和实际相符。至于他说,洪水是由上述地区的"深山幽谷层冰积雪,一经暑雨融消骤集"而来,则欠正确。

陈潢又说:"西北土性松浮,湍急之水即随波而行,于是河水遂黄也。""河自西域而来,其流虽浊(指宁夏以上),不若汴梁(今开封)以东为甚。"并列述河北的永定河,山西的沁、汾,陕西的泾、渭等河水都混浊,认为西北的水都挟有大量泥沙。他还指出:"浊则易淤,淤则易决。"⑤既说明黄河为害的又一根本原因,且对西北土性、河水混浊来源的地区,有了基本正确的了解。

陈潢对于洪水和泥沙来源的认识,当为实地观察所得,调查的时间虽不可考,确为历史文献少见的资料。而在"源流并治"的倡议下,却没有把这一认识和治理联系起来。把黄河下游水患的治理工作联系到上、中游,古人已偶及之,然终是一项极为复杂的工作,由于科学技术条件的限制,难以提出比较具体的意见。不过陈潢的认识,较之古人则前进了一步。

他们所提出的"统行规划"和"源流并治",也是有很大局限性的,并不如陈潢所说的"如有患在下,而所以患者在上,则势在上也。当溯其源而塞之,则在下之患方息"⑥。而依然是"足痛医足",只致力于局部工作。他们治河初的实地调查,为期只有两月。以当时交通条件看,必不能"遍历河干(岸),广谘博询"。实际上,靳辅是在到任八年以后,即康熙二十四年(公元一六八五年),才去商丘以上查勘的⑦。治河十年,对于徐州以上的北岸大堤从没整修。可见,所谓"审其全势",也只是就黄河和运河相关部分而言,并没有对黄、淮两河作全面的调查研究,没有根据上下游的全势进行规划,更没有从头到尾地源流并治。在临终时,靳辅的所谓"穷源溯流"之论,也只叮咛重视高家堰和宿迁一带遥堤两项工程而已。

第三,"鉴于古而不胶于古","随时制宜"。

万事万物是在变化还是静止,这是对待客观事物的不同态度。河水流动,有涨有落;河身有冲有积;而黄河下游又常有大规模的迁徙,北犯津沽,南侵淮泗。这种变化是治河的人耳闻目睹,所熟知的。此外,还有社会的变化、经济的发展、文化的推进,也都是客观存在的。陈潢也认为"宇宙万事万物皆有变"⑧。所以说,由于水的形势随时转变,因之"险要遂异,流行亦殊"⑨,治理规划就必然有所不同。"故善法古者,惟法其意而已"⑩。靳辅也说:治河之事,"有必当师古者,有必当酌今者","总以因势利导,随时制宜为主"⑪。在评论西汉贾让《治河策》时,主张应当"鉴于古而不胶于古"。

他们根据事物的变化立论,所以有革新的一面,工程进展也比较顺利。如皂河、中河的开辟,均在任职期间先后完成。而明朝为了改善邳县及其以北运河,对于泇河的开辟则经过长期的争论,且屡兴屡停,历三十四年始得完成。

但是,他们由于崇古思想严重,始终没有摆脱古人的枷锁。虽然口头上喊着"不胶于古","必当酌今",但对"圣人之言",则不敢丝毫违犯。那么,所谓"随时制宜"的灵活性,必然受很大限制。

陈潢虽然认为,水流形势随时转变,但却又认为,治河的理和法则千百年不变⑫。治河的理和法是治河的基本原则,既然千古不变,那么,治河的规划又怎能与古人有所不同,又怎能适应河流变化的形势和经济发展的要求呢?他虽然没有多加说明,但却可以从实际工作中见之。他的所谓规划不同,不是治河的策略或方针有什么不同,而只是对具体工程的安排处理有所不同。因之,也就牵扯不到理和法的问题了。

例如,由于险要不同,堤防的危险地段变了,须另添新工,严加防守;或由于河槽变化,须建新堤;或由于水势变化,漕运受阻,须加处理,等等。在这些方面都不拘泥于古人的陈迹,而采取灵活的态度,但绝不涉及理和法的改变。这也正是他们所谓"鉴于古而不胶于古"的含义。理和法"必当师古",至于具体的工程安排,则属于"必当酌今"的范畴。这也说明,在不大加治理的前提下,只作一些"救偏补敝"的工作。事实上,他们是在"师古"与"酌今"的夹缝里讨生活。不过,由于他们认识到客观形势有变化,因而随机处理,力图补救,取得一些成就,这正是在某些具体问题上具有唯物主义因素的成果。但是,由于认为理和法千百年不变,就不可能跳出古人的圈套,也就难以推动治河的前进发展。

第四,期尽人事,不诿天数。

治河是"听天命",还是"尽人事",是一个关键问题。

康熙十九年(公元一六八〇年)大水,黄河决口二十余处。靳辅说:"此时河道有必不可治之势,而又实有可治之理。""惟期尽人事而不敢诿之天灾,竭人力而不敢媚求神祐。"[13]在严重情势下,不灰心丧气,以不诿天数、不求神祐的态度,期尽人事,肩当重任,以挽救"必不可治之势",自有其积极作用。

靳辅又认为,保全河道的计谋,"全在尽人力,而不可诿之天数"[14]。所以必须"设防守之法","立劝惩之典"。他说:如果在坚筑堤防之后,没有防守之法,不久必坏,就同没堤一样;有了防守之法,而没劝惩之典,不久必弛,就同不防守一样[15]。这是他对于"期尽人事"的实际措施,也是正确的。

期尽人事,不诿天数,虽有积极的作用,但还存在着"尽人事,听天命"的成分,而没有"制天命而用之"的思想。清圣祖在康熙二十四年(公元一六八五年)召见靳辅的儿子时说:"去年阅工,亲看黄河两岸堤工。在尔父人力已尽,无可再加。倘或更有疏虞,亦是异常之天灾矣。"[16]这就表达了他们的思想。对于治河的要求既已得到满足,如再有决口泛滥,就诿之天灾了。在思想上并没有清除"天命观"的影响,就必然阻碍治河的发展。

由于社会经济的发展和实践经验的积累,对于治河的要求和方法均应因时因地有所不同。靳辅、陈潢对此初步有所认识，然以受习惯势力的束缚，不敢迈步向前。尤其在封建社会末期，统治阶级内部的矛盾也十分尖锐复杂，更不敢试行新创以自贻罪咎。例如，靳辅采纳陈潢的建议，在安东(今涟水)涸出的土地上屯垦一事，就引起一场反对风波。陈潢因此"一病不起"，靳辅也终以此革职。可见，在长期的封建统治下，黄河的治理一直是发展迟缓的，甚至有时是停滞的。

9-2 "按经义治水"，封闭前进之路

靳辅、陈潢所以在治河上取得一定程度的成就，是由于在处理具体问题上具有唯物主义因素，并采取一些有效措施。他们在治河思想上有些进步性，但却受"畏大人、畏圣人之言"思想的毒害，难以贯彻。

靳辅说："大禹千古治水之圣人也。《禹贡》千古治河之圣经也。"[17]又说："《禹贡》圣人之书。其言不可易也。"[18]正是由于把"圣人之言"奉为"永恒真理"，所以封闭了前进的道路。

陈潢也说："千古治水者，莫神禹若也。千古知治水之道者，莫孟子若也。"他对《孟子》以下两段话十分欣赏："禹之治水，水之道也。"(《传》曰："顺水之性也。")"禹之行(治)水，行其所无事也。"他认为孟子深得"治水之至理"，是"千古治水之至言"[19]。他在议论筑堤、疏浚等治河措施时，也必引这一"至理"以为据。这正是他们治水的核心思想。

"水之性"是什么，"行其所无事"怎样解释，陈潢自己也作了回答。

陈潢说：禹治水的所谓治，就是采用分疏、排泄等办法，如："疏、瀹(音跃，沟通)、排、决"。而所谓无事，是"因其欲下而下之，因其欲潴而潴之，因其欲分而分之，因其欲合而合之，因其欲直注而直注之，因其欲纡洄而纡洄之。一顺水之性，而不参之以人意焉，是谓之无事也。"[20]在这里，除了就下是水之性外，至于所谓欲潴、欲分、欲合、欲纡洄，等等，都不得视为"水之性"。可见，他的所谓"水之性"指的不全是河流的客观规律。又，在讲应以堤束水、防其漫流时，竟把任水漫流比作"纵水之性"。他说："譬之人本性善，率之即谓之道。""惟多方防范，而其本

性乃全。是防之者正所以顺其性也。"倘若把纵欲当作"率其性",就远离"圣人"之道了[21]。这就更清楚了,他把孟子"性善"的学说来喻"水之性",用"克己"的手段来治水,就是要筑堤束水。那么,他的所谓"水之性",不是河流的自然规律,而是主观的意见。所以,传说中的禹治水顺水之性,就在下游分为九河。明朝潘季驯治水,就主张束水归于一槽。靳、陈主张勿"纵水之性",也遵循潘的"筑堤束水"方略。那么,"播为九河"和"筑堤束水"便同是顺"水之性"了。也就是说,禹时水"欲分",而明、清水"欲合"了。所以说,他们的所谓"水之性"不是河流的客观规律。

至于把治水的"行其所无事"解为"顺水之性,而不参之以人意"[22],也是站不住脚的。河由人治,是人根据对河流规律的认识和地形、地质、社会条件、经济要求,提出除害兴利的计划。正确的计划是客观和主观的统一,怎能说"不参之以人意"?治水是有目的的,不论这个目的正确与否,全是人定的。再则,治水必须采取一定的手段,怎能说"行其所无事"呢?

社会是前进的,人类对于征服自然的认识也在实践中前进发展。几千年前的旧话旧法,必不能完全适合现实的要求。所以靳、陈虽然尽力发挥"按经义治水"之道,但已经不能满足于当时治水的要求了,因而也就发生了矛盾。例如,陈潢说:"善治水者,先须曲体其性情,而或疏,或蓄,或束,或泄,或分,或合,而俱得其自然之宜。虽有所事,究归于无事也。"[23]这里就得出"有事"等于"无事"的结论。由此可见,陈潢对于"圣人之言"在治河实践中,已经看出了破绽。但是,他没有勇气冲破。只得把自己的看法,以一百八十度的转弯,归纳为符合于"圣人之言",以免受"离经叛道"的惩罚。这样治河,还敢迈步前进吗?

传说中的禹治水在孟子之前约一千八百年,孟子对于禹治水的议论只能是臆断。孟子又没有治水的实践经验,决说不出治水的真正道理。而在约两千年后,靳辅、陈潢却又把孟子臆断之辞奉为千古不变的治水"至言"。在实践中虽有所见,但却甘坐"监牢"以自禁,不敢稍有逾越。崇古思想的流毒实在害人不浅。

恩格斯在批判杜林时说:"他解决了科学的最终的任务,从而封闭了一切科学走向未来的道路。"[24]正是由于把孟子的"至理"视为解决了治河的最终任务,所以才封闭了治河走向未来的道路,以致长期地停滞不前。

9-3 "保漕"任务的局限

关于明、清黄河、淮河和运河的形势及其相互关系,以及治河以"保漕"为首要任务各点,在第七、八章中均已涉及。但以时代不同,要求亦异。这里只就清朝情况,补充说明几句。

清王朝在任命靳辅的令文中说:治河关系"漕运大计",一切都要预先计划,"免致淤塞,有碍运道"。至于防御泛滥灾害的事,令文中一字没提。这时还是把河道总督衙门设在远离黄河,而为运河所经的山东济宁。这就把治理黄河的任务交代得很清楚了。它的任务和明朝一样,仍然是维持运道畅通,不过要求更为迫切,目标更为突出罢了。

但是,为了欺骗人民,有时还得举着"爱民"的幌子。清圣祖于康熙二十三年(公元一六八四年)南游,在给靳辅的诗中,也说什么"求民隐"、"乐稼穑"一类的话,实际上又何尝有半点爱民之心。靳辅在治河奏章中,虽也常把"民生"与"运道"并提,但并没把"民生"放在心上。他在《两河再造疏》中,也是他再起治河、临死前的奏章中,分析黄河在某些地带决口的影响时,不只一次地说:"止于民田受淹,而与运道无碍。"这完全暴露了统治阶级的真面目。他们哪里有丝毫关心人民生活的表现。靳辅临终的语言,和十五年前任命令中的精神是完全一致的。

根据上述的阶级立场和政治任务,他们所关心的只是徐州以下的河道,而在这段河道中也只着重几点。靳辅在治河十余年后,从"穷源溯流"立论,而得出的"百世无敝之术",认为只要整好两处工程,就万事大吉。这两个"关键"工程是:洪泽湖东堤(即高家堰)和苏北宿迁、桃源、清河一带的北岸(左岸)遥堤。他认为,南岸如在开封以下决口,泛水总归注入洪泽湖,侵及高家堰。如果高家堰能保,入湖的水仍将由清口泄回黄河。如果高家堰不固,则苏北"二百里的运河"必为淤淀。

再则,如果宿迁到清河间的北堤溃决,势必改道北流,"则宿、桃、清一百八十里之运道"必为淤淀。这就是他临终时对于治河的建议。可见,为封建统治集团的狭隘利益服务,就不能放眼全河,不能"穷源溯流"、探求除害兴利的正确方策。

在他临终的治河建议中,为什么没有提到徐州以上北岸决口的影响呢? 在《治河方略·黄淮全势》中,他曾这样说:"决之害北岸为大。何也? 南亢而北下也。"如果开封北岸溃决,则延津、长垣、东明、曹州(今山东菏泽)以及附近各县都遭泛滥之灾。其下游或注寿张的张秋镇,由盐河入海(即现在河道所经),或者直趋东昌(今山东聊城)、德州,东北入海。那么,"济宁上下无运道矣"。因而建议,应"北固开封之障,增卑倍薄"。但是,他在任的十年间,从没修整这带北岸"残缺过半"的太行堤。这一疑案,如果用陈潢的话来解释,便是:清朝以来,徐州以上"堤固流深,绝无疏虞"。防守虽不能疏忽,而险要已除[25]。但事实又非如此。清初顺治年间,从武陟到徐州就有十三处决口的记载[26]。靳辅在任期间,徐州以上的北堤没有溃决,只是幸事。

经济政策必然从属于政治要求。长期以来,走向下坡路的封建社会的治河任务就是为了保漕。河官的考成也主要以漕运是否安全畅通,粮食、鲜贡能否及时到达为断。这个反动的政治任务牢固地束缚着治河的发展。靳辅因此就得出如下的荒谬结论:治理黄河"百世无敝之术",只在于巩固高家堰和宿、清一带北堤。

治河是人治,治河的方针和措施,必然因人的政治立场和对治河的要求而定,必然因人的思想观点和对河流规律的认识而定。因之,治河不单纯是一个科学技术问题,它和经济业务的其他部门一样,深受政治立场和思想观点的影响。

研究历史上政治立场和思想观点对于治河的影响,使我们认识到,思想政治路线对于治河科学技术的发展与停滞,有着极为密切的关系。

注:

①、②、⑥、⑪《河防述言·审势第二》。

③《河道敝坏已极疏》。

④、⑤《河防述言·源流第五》。

⑦靳辅:《治河书》,见《行水金鉴》卷五十。

⑧、⑨《河防述言·善守第十》。

⑩、⑫、㉕《河防述言·因革第九》。

⑬《经理未竣工程疏》。

⑭《经理工程第八疏》。

⑮《敬陈经理第八疏》。

⑯《张鹏翮治河书》,见《行水金鉴》卷五十。

⑰《治河方略·论贾让治河策》。

⑱《治河方略·开辟海口》。

⑲、⑳、㉒、㉓《河防述言·河性第一》。

㉑《河防述言·堤防第六》。

㉔恩格斯,《反杜林论》,第34页,人民出版社,1970年。

㉖《治河方略·河决考》。

第十章　魏源的筹河策

　　魏源(公元一七九四年至一八五七年)所处的时代是清朝末年鸦片战争前后,是我国封建社会向半殖民地半封建社会的转变时期。他反对守旧,认为"变古愈尽,便民愈甚"①。主张发展生产,提倡富国强兵,以抵御外国资本主义侵略势力。他亲自参加抵抗侵略军的战争,主张学习西方资本主义国家的先进技术,以抵御他们的侵略。他认为,历史的发展是进化的,"小变则小革,大变则大革;小革则小治,大革则大治"②。他的变革思想对于后来改良主义思潮的发展也起了重要的影响。

　　但是,作为封建社会的革新派,同样有和农民对立的一面。魏源并不支持农民起义,当农民革命高潮到来时,竟参加了镇压农民起义的活动。他还把发展工业和抵抗外国侵略的希望寄托在清王朝的身上,不想触动封建社会的统治秩序。因之,谋求国家独立富强的愿望终成泡影。

　　魏源的《筹河篇》写于清朝咸丰二年(公元一八五二年)。痛陈当时河工官吏贪污浪费的罪恶行为和黄河灾难的日趋严重,详论当时河情变化和水流趋势,提出改河意见。他主张把当时从开封东流,到徐州注泗水、南流汇淮的河道,改向北流,由山东大清河入海(这也是清朝许多人的主张,详见第七章)。根据当时的政治形势,又认为这个倡议"事必不成",只有等待"河自改之","因败为功","邀不幸之大幸"。果如所料,三年后黄河真的自改由大清河入海了,但却没有"因败为功"。河流形势虽较为顺利,而政治形势则极为败坏。因之水灾依然严重,且较往日为甚。这就说明,治河不单纯地是一个改造自然的问题,而且与政治形势有着密切的联系。此外,他在思想上还没有摆脱师古和信天的束缚,因之不能以唯物观点认识自然、改造自然。所以他的筹河意见,和其治国言论一样,终于落空。

10－1　揭露和批判利河多事的腐朽政治

黄河治乱与政治有直接关系。魏源也认识到这一点,所以在提出治河意见之前,先论"病河病财之由"。

清王朝建立之初,社会经济、文化都一度有所发展。但到乾隆以后就发生了变化,大肆宣扬封建纲常名数,反对革新前进。封建社会到了清朝后期已经十分腐朽。魏源从治河的糜费和官吏的贪污,揭露批判了这一现象。

魏源说:治河费用与年俱增。乾隆四十七年(公元一七八二年)以后的河费已数倍于清初,而嘉庆十一年(公元一八〇六年)以后的河费又大倍于乾隆。到写文时的治河费用又远高于嘉庆。他说:"我生以来,河十数决。"而一次堵口之费,即约当国家财赋全年收入的四分之一,甚至二分之一。即使没有决口,而岁修、抢修等费,亦约当财赋收入的六分之一。他痛心疾首地说:"竭天下之财赋以事河,古今有此漏厄(音支)填壑之政乎!"③治河费用的增长,并不是因为统治阶级关心民瘼、致力河防。相反,治河费用虽增,而灾害却日益严重。从清兵入关到鸦片战争的近二百年间,黄河决口达三百六十一次,平均每六个半月一次。政治越腐败,河工越糜费,灾情越严重。

就以岁修一项费用而论,咸丰年间就达三百万两,相当于康熙年间的十几倍。所谓岁修,是每年例行的修葺(音气),如堤身的增卑培薄,水沟浪窝的填平补齐,护岸埽坝的镶修加固,等等。魏源说,从荥阳到海口二千多里的河堤,若按历年所报加修尺丈统计,堤身高度要达二三十丈,而实际不过十分之二。这是揭露河工官吏以堤身"风日剥削"为由,掩盖其偷工减料的罪行。

尤有甚者,当时官吏以抢修、另案为幸事。所谓抢修,就是由于河工出现险情,必须进行抢救修补的工程。如在汛期堤身或护岸工事被水冲塌沉陷,或者出现可能溃决、漫溢危险而进行的紧急抢修工程。所谓另案,就是在经常计划以外发生的新险情,必须另案提请办理的工程。如某处本是平工,就是不须特加防守的堤段,但由于流势变化或其他原因,忽然变成险工,必须另案请款办理的工程。在这两种情况下,河工官吏就有更多的贪污机会。而且抢险时的料物大都抛在水里,又多被水冲走。所用料物多寡既看不见,且有走失,便难以稽核数量,可以任意报销。所以魏源感慨地说:像黎世序所提倡的石工,栗毓美所提倡的砖工,都是加强河堤防御冲刷能力的措施,但"有糜费罪小、节省罪大之谤"。治河所用的防御洪水冲击料物,从汉朝起就有石、木、竹、草等。到这时,护岸埽工只用高粱秸和谷子秆等草料。因为易腐,便须年年加镶;又以防御力弱,就多需抢修工费。表面上是技术的后退,实际上则由政治的腐化。所以当时的河情是,"每汛必涨,每涨必险,无岁不称异涨",虚报工情,冒领公款。岁修、抢险、另案三项,每年已达六七百万两(银)之巨。

每年"治河"虽有这样大的费用,但决口依然频繁。而堵口塞决又是一个升官发财机会。堵口的费用很大,也与年俱增。如康熙年间堵塞河南中牟杨桥决口,这是一项所谓"大工",用费不过三十六万两。乾隆四十七年(公元一七八二年),兰阳(今兰考)青龙岗堵闭,三年堵闭,除由国库开支一千多万两外,还有夫料加工费一千一百万两,本应"按年分摊收征",但以国库尚充,"破格豁免",统由国库开支。两者合计达两千多万两,为当时国家财赋收入的半数。由于决口频繁,所以堵口的开支是很大的。

魏源对于当时利河多事的腐朽政治进行了揭露批判,言人所不敢言,是很可贵的。这正是革新派进步思想的表现。但是,他却把理财的希望单纯地寄托在治河上。他认为,如河得治,则费可大省,预计十数年就可以恢复乾隆库存充裕的情况。自然,治河费省可使库存增加。但是,乾隆时库存的充裕,主要是由于清初经济有所发展的缘故。也正是由于当时政治情况较好,所以治河费用也较省。而在清王朝末期,又值封建社会崩溃的时候,魏源想以治河而兼收理财之效,则属妄想。主要原因是他就事论事,忽视了乾隆前后政治、经济形势的变化。忽视这个根本问题,议论必然落空。

10-2 倡议改河,但又认为"事必不成","必自改之"

当时黄河走"南道",今称"废黄河",即由河南开封而东,经商丘,到江苏徐州注泗水(运河),南流到淮阴汇淮河,东流入海。这条河道大体上是金章宗明昌五年(公元一一九四年)开始流经的河道。以后虽有多次决口、改道,且稍有变迁,但自元朝以至明、清,这条河道却是他们基本所欲维持的河道。年代久了,淤积严重,到清末确实敝坏已极。这时不只黄淮交汇处上下的淤积严重,"徐州、归德(今河南商丘)以上无不淤"。与康熙时相比,"河堤内外,滩、地相平者,今淤高三、四、五丈……则河底较国(清)初又淤数丈以外"。洪泽湖也比康熙时淤高,虽"汪洋数百里,蓄深至二丈余",但由于黄河身淤高,水也不能自清口泄入黄河。"何怪湖岁淹、河岁决"。所以魏源感慨地说:大河"塞于南,难保不溃于北,塞于下,难保不溃于上,塞于今岁,难保不溃于来岁"。因而提出积极的治河意见。

魏源反对单纯防河,提出主动治河的倡议。他说:"但言防河,不言治河,故河成今日之患。"并批判专事防河的人,只问有了决口堵不堵,堵了以后原处开不开(当时制度,如原处再开,堵口人应负赔偿责任),这等人"均不足与言治河"。他虽力求治河,但根据当时情势,又说,舍防河而言治河已经来不及了。"使南河尚有一线可治,十余岁之不决,尚可迁延日月。今则无岁不溃,无法可治。"他认为,"由今之河无变今之道,虽神禹复生不能治,断非改河不为功。"建议"因势利导",改由大清河入海,即近似现行河道。但是,他又认为这个"因势利导之上策"、"事必不成"。也就是说,虽然提出了办法,却办不到,也就等于白说,这是很可悲的。

为什么"改河"的倡议"事必不成"呢?他说:河工人员怕因河流改善而裁员减费,必然喧嚷阻挠;怕新法无效要负责,必然拿旧例不可变的道理来阻挠。"一人倡议,众人侧目,未兴天下之大利,而身先犯天下之大忌",又怎能从事改革呢!在列举史例以后,他哀叹说:"呜呼!利国家之公,则妨臣下之私,固古今通患哉!"诚然,公与私的矛盾是

"古今通患"，尤其到了封建社会崩溃来临的时候，生产关系严重地阻碍着生产力的发展，矛盾更为尖锐。作为封建社会统治集团内部的革新派，魏源也自知无能为力，徒以哀叹了之。

他虽然认为改河之议不成，但却认为河势必改。他说："人力预改之者上也。否则，待天意自改之。"也就是说："人力纵不改，河亦必自改之。""自非一旦自决于开封以上，国家无力以挽回淤高之故道，浮议亦无术以阻挠建瓴之新道，岂非因败为功，邀此不幸中之大幸哉！"果如所料，不久河就自改了。但是，既没有收到"因败为功"之效，也没有得到"大幸"的结局。于咸丰五年（公元一八五五年），河决于开封以下的兰阳铜瓦厢，东北流，夺大清河由利津入海，即现行河道，也即近似所欲改之道。他所说的"因败为功"，是"乘各水归壑之日，筑堤束河，导之东北"。也就是说，乘新决之势，筑堤导之。但决口之后，统治集团内部既有"改道"与"归故"的争议，又有北徙或南迁由天作主的谬说。二十年间，任水横流。迨北流势成，才筑堤防御。可见，能否"因败为功"也是个政治问题。既无主动治河的政治局面，又怎能施以"因败为功"的工程呢！据统计，改道后的灾害更为严重了。也就是说，虽然按魏源所设想的河自改了，改后的新道就自然形势说，确实较之旧道为顺利，但却不如所设想的那样，改后的河道"亘古不变不坏"，"河既由地中行，无高仰自无冲决。使盛涨偶溢，而堤内外相平，一堵即闭"。这是什么原因？还要从认识和思想上加以分析。

当时黄河南流的灾害严重是事实，河道敝败也是事实，他认为"无法可治"，遂倡议"非改道不为功"。改道也是一种主动治河办法，但却又认为"事必不成"，只有听其自改。那么，没有自改以前怎么办？"虽神禹复生不能治"，只有束手待毙。这当然不够正确。

或者说，在改河倡议三年之后，黄河果真自改了，魏源之议亦自有高见。诚然，改河倡议有主动治河精神，强调根据地形水势加以治理，而不单纯地从事防守，这是好的。再就当时地形和流势说，北流由大清河入海也诚比南流汇淮为好。所以改河倡议是符合实际的。但是，他对于改河北流由大清河入海的形势，作了过于乐观的估计，则完全脱离实际。他说北流河道"亘古不变"，不需大治。这种认识上的错误，也有其思想上的根源,容详论之。

10-3　从地形水势议改河,未能摆脱师古、信天的束缚

历史上议改河者不自魏源始,改行新道与维持故道是长期争论的议题。议改河由大清河或济水故道入海者也不自魏源始,改行此路的论据是纷纭的。魏源总结了前人的经验,并提出自己的观点。他从当时地形、水势的分析,提出了改河由大清河入海的意见是正确的。但是却又受师古、信天思想的严重束缚,所以他估计的前景也只能落空。

魏源改河之议是从研究当时地形、水势入手的。他列举"南道"河身以及曾经泛流地区的淤高情况。虽限于技术条件,数字可能有不正确处,但基本情况属实。所以他认为,当时河道已"无法可治","断非改河不为功",已为前述。

下一个问题就是,改河应向北迁还是应向南徙。他从清朝南北两岸决口的堵塞难易,断定"地势北岸下而南岸高,河流北趋顺而南趋逆。故(在溃决之后)挽复故道,北难而南易,上游北决则较下游其挽回尤不易。然则河之北决非就下之性乎!"历史上对于"南高北下"或"北高南下"有不同的意见。孰是孰非要因时而异,因为黄河善淤。就明朝初期说,黄河南由颍、涡、濉等河分流入淮,其势尚顺。迨至明朝中后期情况就不同了,由于南岸地区淤高,河道分流已不顺利,于是又改由丰、沛一带北决,后又转而患及以下的宿迁上下。这时黄河确由南徙汇淮初期的"北高南下"形势,改为"南高北下"了。魏源从历次堵决难易区分地势高下,尚有所见。

那么,改河北流应该走哪条线?他根据历来北决后的水势所趋,认为大清河是天然河槽。"河之北决,必冲张秋(今寿张县境),贯运河,归大清河入海。是大清河足以容纳全河,又明如星日。使当时河臣明古今,审地形,移开渠塞决之费,为因势利导之谋,真千载一时之机会。乃河再三欲东入济(按:指大清河),人必再三强使入淮。强之而河不受制,则曰治河无善策,治河兼治运尤无善策"。这里对于"治河兼治运"应略加说明。当时徐州到淮阴五百余里的黄河就是运河的一段

（明朝中后期与清初将这段运河的一部分改修，位于黄河的左岸）。元、明、清每年由江南搜刮大量粮食，经运河输送当时首都北京，以供应官俸军食的需求。所以当时治理黄河的主要目的在于保证运河畅通，也可称为"治运"。如若徐州到淮阴间溃决，则运道中断。如若黄河由徐州以上北决，则冲淤山东境内运河。所以当时既要严防北决，又坚欲维持"南道"，正如魏源所说。但是，清末海运大开，运河的重要性已减低，所以倡改河的人也渐多了，魏源即其一人。

由于当时还没有地形测量数据，对于改道路线自难有精确估计。但从咸丰五年改道北徙，二十年间任其横流，未加限制，大体上由大清河入海。这就足以说明，魏源的分析尚符合当时自然形势。但他却过分地夸大了这一自然趋势，认为是"亘古不变不坏"的河道，可以"一劳永逸"，"行之千年"。这一论断则完全与实际不符。它不是根据实际的观察分析所得，而是从"师古"思想出发，所得的错误概念。他错误地认为，黄河改由大清河入海，就是东汉王景所治的河道，又是禹"厮二渠"的一支，同属古济水故道，是一条非常理想的河道，可以行之千年。这是毫无根据的。

查今山东境内的黄河（以前的大清河），北迄徒骇河左右，大体上为古济、漯（音榻）二水所流经地带。由于这一地区经过黄河长期的泛滥、改道，淤积严重，地形变迁，它们确切流经的位置已难详考。而魏源则认为以前的大清河即济水，今山东境内的"小清河即漯川"。这也只能是一家之言，兹不详论。又，关于禹治水有"疏九河"与"厮二渠"的两种传说。魏源根据"禹厮河为二渠，一行冀州，一行漯川者也"的传说，又推论："自周定王时，黄河失冀州故道，即夺济入海，东行漯川。"因此，魏源就用济水把当时的大清河、王景所治的河道，以及禹厮二渠之一支联系起来了。他的认识基础完全建立在假说上。王景所治的河道，并不是周定王时所改行的河道，而是王莽始建国三年（公元一一年）所改行的河道，也在今黄河之北，大体上接近于今徒骇河。

由此可见，禹"厮二渠"的漯川一支、王景所治的河道和清末的大清河，根本不在一条线上，虽然可能有交错或相邻之处。而魏源却把它们混为一谈，其目的全在于要说明，他所建议要改行的河道就是王景所治的河道,而王景所治的河道就是禹河的一支,是"亘古不变不坏"的河道。"后汉王景始因禹迹以成功",他"师景即所以师禹",欲以"行之千年"。这和他"变古愈尽,便民愈甚"的思想,成为一百八十度的对照;和他从地形水势的分析,而得出的应改河北入大清河的唯物观点,也成为一百八十度的对照。他对清初胡渭希望使黄河"复禹冀州故道"的批判说:"但慕师古,无裨实用,斯则书生之通弊已。"在改道由大清河入海的问题上,他却也同样犯了"书生之通弊"。然亦或由于当时尚无地形测量图,只用"南高北下"的概念说明应改河北流,恐难取信于人,彼乃利用一般的崇古思想,引大禹、王景治河为证,以坚其说。然亦足证其"变古"之心不足,而自贻"师古"之咎。

其次,他虽不唯天是听,却没摆脱信天的束缚。他驳斥"冀北建都之形势,河宜南不宜北"的迷信观点,却大谈"河归大清河,则黄流受大清(帝国)之约束,以大清为会归朝宗之地"。这里的所谓"大清"是影射清王朝,他认为"河归大清河"是天降祥瑞于清王朝的象征。这就是"天命观"的流毒。其实,后人不说黄河"归大清河",而称"夺大清河",又有什么祥瑞可言呢!这又足以说明,他念念不忘维护"大清"政权,就是在筹河问题上也表现出来了。当然,这是旧时代读书人的一般观点,固不足以深责。然因此他的筹河策划和治国言论一样,都成为幻想。

魏源所提改河的费用,"不过费帑(音倘,国库)金五六百万,止需目前岁修、抢修一岁之费,即可一劳永逸"。费既省而效又宏,将来既少堵塞决口大工,又节约岁修、抢修费用。所以他认为一举可以解决"病河病财"的问题。他把问题看得太简单了。

当然,人工改河是件大事。即使由于河道决口后的自行改道,在封建社会面临崩溃时期,统治集团也决不会断然决定。咸丰五年(公元一八五五年)决口后的事实便足以说明。况且,魏源缺乏从实际出发深入调查研究的第一手资料,筹河倡议的本身也自有不足之处,更难为统治者所采纳。但《筹河篇》较之一般议论却有所不同,不只为官僚所不敢言,亦为书生所不能言。然以处于封建末世,既不愿触动封建统治秩序,又没摆脱师古、信天思想的束缚,《筹河篇》也只落得个"事必不成"的空谈。

　　魏源所处的时代是封建社会面临崩溃,一个大的社会变革即将来临的时代。他的革新路线有其进步的一面,打击了统治集团顽固派和投降派,但不能适应这一时代发展的要求。《筹河篇》也正是这样。征服黄河,改变黄河流域的面貌,不单纯地是一项改造自然的艰巨任务,而且与政治形势有着极为密切的联系;不只要有正确的自然观,而且必须有正确的社会观。魏源虽然提出了问题,但没能解决问题。他的经验教训就是一个借鉴。

　　注:
　　①《默觚》。
　　②《圣武记》。
　　③《筹河篇》,以下引该文不再作注。

第十一章　兴利并以除害的设想

　　由于黄河灾害严重难治,所以历代治理的目标多注意防灾,而治理的措施也只限于防灾。当然,防灾也就为发展经济提供了条件,是从防灾的目标出发,间接地收得兴利的效果。但河流是一种自然资源,它还有兴利造福的一面。所以古时也有人提出为兴利而并以除害的建议,也就是以兴利的手段,既可"兴天下之大利",又可以"平天下之大患"。这种设想是很有启发性的。由于对治河采取主动的态度,也有一定积极的意义。但以长期的封建统治,这类建议得不到重视,更难有实践提高的机会,因之也只得停留在设想阶段。

11−1　"天下皆治水之人,黄河何所不治"的展望

　　明朝周用提出以"沟洫"容水的建议,其目的有二:一以垦田,一以治河。他认为二者事相表里,"一举而兴天下之大利,平天下之大患"。并且描绘出一幅美好而令人神往的治水前景,他说:"天下皆治水之人,黄河何所不治。"① 诚然,在一定的社会制度和技术条件下,这是可以实现的。但就其论证依据和当时实际情况说,则只是一种设想。

　　周用说:"历千七百年而河不为中国害者,实大禹尽力沟洫之赐。"他的这一论证有两个前提:一是从传说中禹治水到周定王五年黄河改道的长期内,河不为患;一是认为那时沟洫遍及全域,因而黄河才得以长期安流无患。这都近臆断。不能因为千七百年间缺少黄河为患的记载资料,便认为长期安澜。那时黄河两岸并没筑有像后世的、有系统的长堤防护,而黄河又是一个淤积严重的地上河,它的下游必定和多年前利津以下没有堤防时的情况相似,涨水就漫流,并且时常改道。据说,殷商曾以水患数次迁都,也可作为有患的旁证。又由于孔子曾赞扬"大禹"治水"尽力乎沟洫"②,周用就认为当时沟洫遍地。又由于沟洫

容水有调节洪流之功,因之长期河不为患,似乎也是不现实的。他说:"沟洫之为用,说者一言以蔽之,则曰备旱潦而已。其用以备旱潦,一言以举之,则曰容水而已。故自沟洫以至于海皆容水之地,黄河何所不容。天下皆沟洫,天下皆治水之人,黄河何所不治。水无不治,则荒田何所不垦。一举而兴天下之大利,平天下之大患。以是为政,又何不可!"

他过分地夸大了沟洫的作用,而对于降雨的季节性变化和河流的涨落规律则所知甚少。因之,他认为以沟洫容水这样一个单一手段,便可以兴天下之大利,平天下之大患,则是难以实现的。当然,在奴隶社会,由于"备旱涝"的要求不高,"十夫有沟,百夫有洫"③的制度,或可能满足于当时的农业生产要求。但在后世,如明朝,要满足兴利与除害的要求,则非单纯地恢复沟洫旧制所可得以解决的,而必须在措施上有所提高。周用则以"圣人之言",歌颂"圣人之行"的态度,主张恢复旧制以治河,则是妄想。

但是,根除黄河水患、开发黄河水利,是自古以来广大人民的要求,周用表达了这一愿望,而且在追求解决之道。他的建议虽然不能"一举而兴天下之大利,平天下之大患",可是他却指出了一条正确的道路,就是"天下皆治水之人,黄河何所不治"。是的,为了大多数人的利益,动员群众治水,则黄河必将得治。

11-2 "熟究留沙之法,因祸而得福"的倡议

清朝冯祚泰针对黄河含沙量大的特点,提倡留沙之说,也就是放淤之意。他说:"浊流之最可恶者莫如沙,而最可爱者亦莫如沙……然诚熟究留沙之法,因祸而得福,转败而为功,无用之用为大有用,其可爱又孰如之……夫黄河来源万里,即以沙为万里之供输也。会千七百一川,即以千七百一川之沙辇载而遗我也。我听其滔滔入海,已有舍掷之叹。而又听其堆而为碛,散而为滩,浅而遏流怒焉。恶之,谓沙之不速去。一旦溃决之后,又享沙之利。沙负人乎,人负沙乎?"④这段话也说明一个真理,祸福是相互联系的。如果黄河没有挟来大量泥沙,就没有华北

· 126 ·

冲积大平原；另一方面，含沙量大，又成为黄河泛滥改道的有害因素。他从"因祸而得福，转败而为功"的主动治理观点出发，提议利用其多沙的特点放淤，使之"可以淤洼，可以肥田，可以固堤，可以代岸"。这是一个可行的建议。他认为留沙有上述四条好处，而各以四字表之。兹特略事解释。第一，由于黄河两岸多低洼沟道，或为决口所冲，或为车马所剥，或者由于河身淤高，而两旁成为洼地，都可以借放淤垫高填平；第二，由于黄河本身高于两旁田地，水流渗漏常使其土壤盐碱上升，成为荒地瘠田，便可以借放淤改良土壤；第三，可以用整理河槽的方法，使堤根埽址落淤，以加固堤身，加强护岸；第四，可于大堤以外的堤脚放淤，形成后戗，或于内外两堤之间放淤填高，加强河岸防御能力。他认为"不能收大河自然之美宝，则亦责有所归也。"也就是说，人没有尽到应有的责任。诚然，这类工作过去做的不多，只看到黄河决口泛滥后的自然填洼淤碱，却少有人主动放淤。

冯祚泰还指责明朝潘季驯"有平内地之疏……而未尽其用"。潘季驯时，黄河有内外两道堤。涨水时，河槽水面常高于内外两堤间的地面。而两堤之间又常积存雨水，于是内堤便出现"两水夹堤，势难自守"的不利情势。所以他建议相度地势，于内堤开口，放水灌入内外两堤之间，以便落淤填高[⑤]。这正是冯祚泰所议的第四条好处。

就原则说，冯祚泰所提留沙放淤的意见，对于减轻河水的含沙量是微不足道的，但却是完全可行的，也能获得其预期的效果，而且还有人小范围试办成功[⑥⑦]。那么，又为什么不能推广施行呢？除了技术问题之外，就是人的认识问题。

清朝康基田说："放淤之法既能平险，亦可取土益工，古人往往行之。然履危蹈险，老成所戒。"他并且举了淤高内外堤间低洼地带的险例，或于放水时转成正流夺河，或于水满时以风浪击岸，或以洞穴漏水，致使外堤出险，等等。所以他认为放淤是"履危蹈险"的行动，不可视为"常法"[⑧]。淤高内外两堤间洼地，须开内堤放水，但还有外堤以为屏障，尚且视为危险，至于放淤改善两旁地貌，改良农田土壤，等等，就更没人敢试了。认识自然、改造自然是人类历史前进的一种斗争过程。看来，到了清朝对于留沙放淤已经有了一定的认识，只要继续实践，就能逐步提高认识,改进技术,终是可以推行的。但小试见效(反对的人也认为有效)便遇险而止。这说明当时社会情势日趋没落,个人则是患得患失,宁愿"固步自封",也不要"以事治河",招惹是非。这就是许多可行的治河措施长期停留在设想阶段的基本原因。

说到留沙,又不能不使人西顾黄土高原。那里正是留沙最需要而且最理想的地区。但是治河文献中却少所论及,有之也只是约略地谈几句。除近代外,也少有人知道黄土高原是黄河泥沙的主要供给地区。旧日治河人员多只注意下游,而黄土高原的封建地主为单一的农业生产,只知残酷剥削以谋私利。就是梯田也难得精心管理,更谈不到留沙保土的工作了。

11-3 分水济运,并以减轻水患的探求

黄河与其他水系的沟通是有悠久历史的,而沟通的主要目的在于通航,《禹贡》和《史记·河渠书》均有记载,本书第四章亦已述及。关于分黄河水以接济运河并以减轻水患的设想,亦所常有。明朝徐有贞说:"凡水势大者宜分,小者宜合。分以去其害,合以取其利。"[9]他想以接济运河枯水来减轻黄河水患。而他的主要目的则是保证当时运道畅通,至于欲借此以减轻黄河水患,则以分水量微,无甚效果。又万恭建议引导黄河支流南北分泄,如导伊、洛入淮,导丹、沁入卫,既可减轻大河洪流,且可联系通航[10]。但并没有进一步的计划。可见,对于发展水运并以减轻河患的探求,只是一个初步设想。至于单纯为减轻河患而使河水南北分流,则多行之者,如本书有关章节所述,但似未获得应有的效果。

上述利用并以改造黄河的设想,虽是很初步的,但却有可能把治河引向一个新的途径,就是综合治理的途径。

关于黄河的利用,两千年前已有大规模的发展。如宁夏、内蒙古地区的引水灌溉,泾、渭等支流的开渠溉田,以及下游河道作为沟通各地航运的干线,等等,对于我国的政治、经济的发展均起到巨大的作用。迨至社会经济逐渐发展,就感到黄河灾害的威胁日益严重,而开发利用

方面又跟不上去,经济中心逐渐南移。于是统治集团的粮食、用品等供应则依赖江南,便把战国时期以军运为主的通向江南的运河,逐渐转化为"运粮河"。到了元、明、清时代,竟把维护运粮河的畅通作为治理黄河的主要任务,而把其他兴利除害任务则基本上一律抛开。在这期间的治河方法虽也有所改进,但却不能结合社会的要求,促进经济的发展。

以上所引明、清的几个建议,是设想在蓄水或分水的利用中,以减轻大河洪流,在引沙的利用中,以减轻大河的淤淀,等等。就成效讲,虽是微不足道的,就方法讲,也还在设想阶段。但却表达出一种愿望,就是根据黄河的自然条件和运行规律,应当进行兴利除害的综合治理。

有些人的设想是很吸引人的。如周用的"天下皆治水之人,黄河何所不治"。在他那个社会,这是不可能实现的,但他则万分希望这样情景的出现。事实上,也只有在人民当家做主的治河情况下,才能发动天下之人治水,而兴利与除害才能综合治理,全流域和干支流才能作为一个整体来统盘考虑,黄河才能有计划地、逐步地得到合理的治理。

注:

①《周恭肃公集》卷十六《理河事宜疏》。

②《论语·泰伯》。

③《周礼》。

④《治河后策》下卷《沙宜留》。

⑤《总理河漕奏疏·条陈河防未尽事宜疏》。

⑥郭起元:《介石堂水鉴·放淤说》。

⑦刘鹗:《治河续说一》。

⑧《河渠纪闻》卷二十三。

⑨《沙湾治河三策》。

⑩《治水筌蹄》。

第十二章　欧风东渐后治河策略的趋向

清朝嘉庆、道光年代国势开始下降。延续两千多年的封建社会,这时也面临崩溃边缘。道光二十年(公元一八四〇年)鸦片战争失败以后,外国资本主义相继侵入,我国便发生了深刻的变化。自给自足的封建经济遭到了破坏,长期孕育的资本主义萌芽,在外国资本主义的刺激下,有了进一步的发展。一个古老的闭关自守的封建中国,逐步地沦为半殖民地半封建的国家。

我国社会的变化,给黄河及其治理也带来了影响。一方面,国家的经济日益贫困,政治日益混乱,河患也更加频繁;另一方面,由于东西方的沟通,西方的科学技术知识得以引进,对于治河的策略和技术起到促进的作用。也可以说,这一时期是我国治河由古代科学技术进入近代科学技术的过渡阶段。虽然在"中学为体,西学为用"的原则指导下,治河的具体行动仍局限于古代科学技术的范畴,但对于黄河地理、水文、地质等基本资料的观测研究,对于黄河自然规律的探讨,对于模型和现场试验的创设,对于下游洪水防治和全流域综合开发的设想,则作了一定的准备工作。大有破门而出,迎接新时代到来的景象。

12–1　河流概况

从鸦片战争到一九四六年人民解放战争以前,黄河的水害达到了十分严重的程度。在这一百零五年中,黄河决口,漫溢和改道二百二十九次。其中辛亥革命(公元一九一一年)以后军阀混战和国民党统治的三十四年间,黄河决溢竟达一百零七次[①]。由于统计方法的不同,决口次数可能不完全准确。但"政治愈黑暗,黄河愈疯狂",则得到了有力的证明。

"道光二十三,黄河涨上天,冲走太阳渡,捎带万锦滩。"据新中国成立后调查推算,这时河南陕县洪峰流量约为每秒三万六千立方米左右。当时河南中牟九堡发生严重溃决,"黄河漫入皖境支河注淮,并入洪泽湖"[②]。道光末年和咸丰初年,农民革命风暴到处涌起,统治者也更为疯狂地对人民进行镇压,对河事益不重视。咸丰元年、二年、三年(公元一八五一年至一八五三年)连续决溢,洪水横流。到咸丰五年(公元一八五五年)六月,黄河遂在河南兰阳铜瓦厢大决,溜分三股北流:一股由山东省曹州(今菏泽)赵王河东注(这股后渐淤);另两股由河北省东明县(今山东省)南北分注,至张秋穿运河后复合为一股(以后北股渐淤,南股成为干流),夺大清河由利津入渤海(大体上就是现在的河道)。时太平天国革命已席卷长江流域,清王朝为了维持其摇摇欲坠的统治,正在作垂死挣扎,对决口多年未事堵塞,遂造成了黄河北徙改道,即由原来注入黄海的河道改为注入渤海的河道。

改道初期并未沿河筑堤,只由群众就河岸筑小埝以事防御。迨至同治十一年(公元一八七二年)渐有溃溢,乃在新河段上游筑南堤。光绪八年(公元一八八二年)以后,溃溢屡见,遂沿新河段两岸筑大堤,堤身初不高厚[③]。这已是北流后的二十七年了。清末政治特别腐败,各种矛盾十分尖锐,河患连年不息。进入民国以后,军阀混战,互相倾轧。黄河时常发生溃决,灾难重重。民国十五年(公元一九二六年)八月,河决东明刘庄,东流注巨野,金乡、嘉祥二县全部淹没,徐州、淮海一片汪洋。民国二十二年(公元一九三三年)八月,黄河在陕县发生每秒二万二千立方米流量的特大洪水,一出山谷,便在河南温县决口。从温县到河北长垣(今河南)间二百多公里的堤段内,决口竟达五十余处之多,汇为五股,南北分流,淹没冀、鲁、豫等省六十七个县的一万二千平方公里的土地,受灾人口三百六十四万,死亡一万八千多人,损失财产按当时的银洋计算为二亿三千余万元。这只是当年的直接损失约估。民国二十四年(公元一九三五年)七月,黄河在山东鄄城南岸民埝决口,分正河水量十分之七、八,又决大堤六处,溜分二股:小股由赵王河穿东平县运河,合汶水,复归大河;大股则漫流鲁西南,灾及苏北。

民国二十七年(公元一九三八年)五月,日本帝国主义侵略军占领了徐州,并且控制了津浦铁路和陇海铁路的东段。国民党反动统治集团不事抵抗,妄图阻止日本侵略军的进攻,并掩护退却,竟于六月间在郑州花园口掘开南岸大堤,滚滚洪水经尉氏、扶沟、西华、淮阳、商水、项城、沈丘,到安徽入淮河,使豫东、皖北、苏北的广大平原一片汪洋,灾情之重为以往所罕见。对中国人民欠下了一笔巨大的血债。但并未能阻止敌军的进攻,这年十月武汉、广州相继失守。而黄泛区,则连续受灾达九年之久。

黄河下游在这一百零五年间的灾情是十分严重的。除内蒙古后套一带和关中泾、洛各支流的灌渠有所开发外,在治理上没有什么新的建树。但是,西方的治水科学技术则逐渐输入,我国也先后派遣大批留学生到国外学习,对于黄河的治理提出了一些新的意见。然而清末统治集团则集中主要力量来防止和镇压各方起义,无心顾及。民国初年,军阀混战,民不聊生,河事日败。国民党统治后,对于水利事业初虽引起注视,但亦仅限于基本资料的观测搜集、河流治理的规划研究。时作时辍,鲜有工程实施。迨至民国二十六年(公元一九三七年)日本帝国主义大举入侵以后,也就停顿了。一九四五年抗日战争胜利后,蒋介石在积极准备发动内战的同时,施展阴谋,企图堵复前所扒开的花园口口门,导引黄水流入堤防年久失修的故道,并疯狂地叫嚣:“黄河归故,可抵四十万大军”,妄想毁灭人民力量。从次年违约堵塞花园口口门起,沿河人民在中国共产党和人民政府领导下,开展了规模浩大的群众反蒋、治黄运动,粉碎了这一阴谋,并开始了人民治理黄河的新纪元。

12-2 改道北流后,减轻下游河患的议论

黄河于铜瓦厢决口北流二十年后,才初定使其改道由大清河入海,并由官方先后沿河筑堤,而山东境内的水患依然十分严重。虽仍有改河北流与回归故道之争,然以时值末世,无暇及此。为了减轻山东灾情,各家又提出一些治理建议。主要有四点,即:分支下泄,另辟新道,疏浚海口与弃埝守堤。然亦徒托空言而已。

言支河者,多主张北由徒骇河分流入海。今举其一例。同治九年(公元一八七〇年),游百川会勘山东省河患后,提出分减黄流的建议。

他说:"济(传大清河为济水故道)一受黄,其势岌岌不可终日。查大清河北,徒骇最近,马颊较远,鬲津尤在其北。大清河与徒骇最近处,在惠民白龙湾,相距十许里。若由此开筑减坝,分入徒骇河,其势较便。再设法疏通其间之沙河、宽河、屯氏河,引入马颊、鬲津,分疏入海,当不复虞其满溢。"④

倡议另辟新河者为冯桂芬,著有《改河道议》。他请把绘图法颁于直隶(今河北)、河南、山东三省,遍测各州县高下,缩为一图,乃择其洼下远城郭之地,联为一线以达于海⑤。

倡议疏浚海口者也很多。光绪五年(公元一八七九年),夏同善以浚海口为治河三策之一⑥。其后,有的建议接修长堤以束之,有的建议置机船浚挖之,等等。

倡议"弃埝守堤"者,就是放弃民埝,退守大堤。黄河改道北流后,当时统治集团以太平天国起义军兴,无心治河,只由沿河群众顺河涯修筑小堤埝从事防御。北流后的二十年左右,官方虽已修堤,但高厚均不足,只作为第二道防线。这个建议就是把第二道防线培修后改作第一道防线,放弃小埝。

事实上是在改道四十四年后,才正式修筑两岸大堤的,将于下节加以概述。惟以改道北流,山东东阿以下的故大清河原为一条深而窄的河道,二十余年后即已淤平。因之,李秉衡认为,明朝中期"筑堤束水,以水攻沙"之说"亦属未可深恃"。乃略述所见。

光绪二十二年(公元一八九六年),山东巡抚李秉衡奏议治河之法。在论及"筑堤束水借以攻沙"时说:"大清河(即改道后的黄河下游)自东阿艾山而下,至利津海口,原宽不及一里,深至四、五丈,束水可谓紧矣。自咸丰五年(公元一八五五年)铜瓦厢东决以来,二十年中,上游侯家林(今郓城)、贾庄(今菏泽)一再决口,而大清河以下尚无大害。然河底逐年淤垫,日积日高。迨光绪八年(公元一八八二年,即北流后的二十七年)桃园(历城)决口以后,遂无岁不决,无岁不数决。虽加修两岸堤埝,仍难抵御。今距桃园决口又十五年矣,昔之水行地中者,今已水行地上。是束水攻沙之说,亦属未可深恃。现在河底高于平地,俯视堤外,则形为釜底。"⑦东阿艾山以下的河槽原是一个窄而深的河槽,经过约四十年后,就成为一条较高的地上河。因之,李秉衡对于"束水攻沙"的作用便表示怀疑,这是有事实根据的。

查明朝中后期,潘季驯提出"筑堤束水,以水攻沙"之说,并极力从事坚筑堤防,纳河水归于一槽,使河流比较稳定,一改以前长期多支分流、河道变迁不常的混乱局面,对于治河起着促进作用,是有贡献的。当然,由于认识的局限,对于这一学说过于乐观了。他认为:"但当防水之溃,毋虑沙之塞也。"对于这一观点,很多人抱怀疑态度,而且有人站在对立面,认为在"筑堤束水"之后,河道仍然淤垫。对于当时南河的冲积情况,现在只能从记载中加以体会研究。而今日艾山以下的窄河槽及其冲淤变化,则是一个天然的模型,似可据以观测研究。

那么,这项研究是否有现实意义?如果黄河下游"固定河槽"的研究还没有得出结论,而且认为还是一个问题的话,便有现实意义(关于"固定河槽"的议论见本章五节)。就可以利用这个天然模型作比较深入的观测研究。盖以"筑堤束水,以水攻沙"的目的,是使河槽不淤,也就是有固定河槽的要求,不过当时只从概念上提出问题而已。"固定河槽"是近代整治河道者所向往,但对黄河常持观望态度,诚以黄河的含沙量远非世界大河所能比拟,在没精确的试验研究之前,就难免怀疑。近年观测资料也已进一步证明,堤防长期不决,河槽依然淤高(包括艾山以下河段)。而且相对地说,比较"三年两决口"的情况下,河槽的淤淀反而更快。今天要研究的问题主要是:在什么情况下(包括对于流量的调整),可以使河槽淤淀减至最低限度。当然,这项研究可以从不同角度进行多方面的考虑。利用现有比较稳定的窄河段进行观测、试验(或模型试验),似仍有其现实意义。

12 - 3　蔑视西学,以"中学为体"的"大治办法"

自海禁开后,西方的近代科学技术也就逐渐引进来了。如光绪十五年(公元一八八九年)正月,河督吴大澂调测绘生,测量阌乡到利津的黄河地形,次年三月图成。同时荷兰工程师单百克和魏舍曾作黄河下游考察,并写了有关报告。考察中,还分别在泺口(今山东济南)、铜瓦厢等处测量含沙量。西方的治河技术已开始影响黄河的治理。

光绪二十四年（公元一八九八年）九月，由于山东省河患严重，清廷派李鸿章会同任道熔、张汝梅（原任山东巡抚）周历河干履勘，统筹全局，拟定治理办法，并将各项工程估计应需工费，奏明办理。这是清末对于治河采取的一项重要步骤，并想在这次治理之后，平息铜瓦厢决口后四十多年间的"复故"与"北徙"的争议。这时有比利时工程师卢法尔同行，并写有勘河报告。李鸿章则于次年二月奏报《大治办法十条》。今先述卢法尔报告中《酌量应办治河事宜》一节的建议，然后再从李鸿章奏疏看清王朝对于这一建议的态度。

卢法尔说："治河如治病，必先察其原"。"黄河在山东为患，而病原不在于山东"。"由山东视黄河，黄河只在山东。由中国视黄河，则黄河尚有不在山东者。安知山东黄河之患，非从他处黄河而来？故就中国治黄河，黄河可治。若就山东治黄河，黄河恐难治"。因之论述泥沙的来源。"盖下游停淤之沙，系由上游拖带而来"。迨至下游平原，"流缓则沙停，沙停则河淤，河淤过高，水遂改道"，纵横于广大平原之上。他的结论是："今欲求治此河，有应行先办之事三：一、测量全河形势，凡河身宽窄深浅、堤岸高低厚薄，以及大小水之浅深，均须详志；二、测绘河图，须纤悉不遗；三、分派人查看水性（量），较量水力，记载水志，考求沙数，并随时查验水力若干，停沙若干。凡水性（量）沙性（量）偶有变迁，必须详为记出，以资参考。"换言之，必须首先测量全河详细地形，并绘制成图；调查河流情况；广泛设立水文站，观测流量、沙量，并随时观测其变化。这正是当时我国治河所最感缺乏的基本技术资料。过去对于许多问题一直纠缠不清，率皆由此。没有这些基本资料，则"无以知河水之性，无以（定）应办之工，无以导河之流，无以容水之涨，无以防患之生"。他并且认为"此三者事未办，所有工程终难得当，即可稍纾目前，不旋踵而前功尽隳矣"。如"按照图志，可以知某处水性地势，定其河身。由河身即可定水流之速率，不使变更，水面之高低，不使游移。凡河底之深浅，河岸之坚脆，工料之松固，均相因无意外之虑。此皆算学（科学）精微之理，不能以意为之。定河身最为难事。须知盛涨水高若干，其性（量）若干，停沙于河底者几多，停沙于滩面者几多。

涨之高低速率不同,定河身须知各等速率,方能使无论高低之涨,其速率足刷沙入海"。并提出对河身裁弯取直、河堤修筑、护岸工程及海口治理的意见。还提到下游的减水坝、上游拦洪库、拦沙坝的考求,上游山区的治理等。但以缺乏基本资料,有的只说明"治河有此办法"供参考,鲜有具体建议。至于其他各节,对于当时的水流情况和应办救急事项也提了一些意见⑧。总之,他认为治理黄河应从全河着眼,并采取多种手段进行治理,而第一步工作则应观测河形、水势、流量和沙量,从了解黄河的自然现象和基本情况入手,更进而探索水沙运行规律,然后才能提出治理的方案。这正是西方科学技术引进我国的史实。

我们再转回来看李鸿章的奏疏。他在历述河流情况、详议河工利害之后,提出了"大治办法十条":一、大培两岸堤身,以资防守;二、下口尾闾,应规复铁门关故道,以直归大海;三、建立减水大坝,俟大堤告成,再议兴办;四、添置机器浚船;五、设迁民局;六、两岸堤成,应设厅汛;七、设立堡夫;八、堤内地亩给价除粮,归官管理;九、南北两堤设德律风(电话机)传语,并于险工地段设小铁路,以便取土运料;十、两岸清水各工(按:指泛区积水),俟治黄粗毕,量加疏筑,以竟全工。而办法十条中主要为前三条,即:一、大培两岸堤身,以资防守。拟于险工加顶宽五丈,平工三丈四尺。高以一丈六尺至二丈为率。需银六百二十七万九千二百余两。二、下口尾闾,应规复铁门关故道,以直归大海。挑引河三十余里,两岸筑堤各八十里,并筑大坝一座(用以堵塞当时入海尾闾的河道)。需银二百万两。以上两项即约当全部预算的百分之八十九。三、建立减水大坝,俟大堤告成,再议兴办。事实上,这个"大治办法"对于上节所述的四项治理建议,除"另辟新河"外,均有所采纳,只是把分流改为减水大坝而已。

疏上,谕军机大臣等会议。李鸿章又以山东河患日深,大治需时,提出救急治标办法,如筑堤修埽、加强防汛、疏通海口等工程。即奉旨一并照办,拨款交山东巡抚办理⑨。

李鸿章是极力主张黄河北徙、反对归故者。他这一奏疏也基本上结束了北徙与归故之争。但十条办法的实施只开了个头,就停顿了。"弃埝守堤"的主张则为后人所实行,山东境内的大堤逐渐地修起来了。利津以下的大堤也经多次修成。只是减水大坝并未实现。辛亥革命以后，依然遵照这个修堤防守的方针行事。

　　李鸿章对于卢法尔的上述建议，则完全没有接受。办法十条中关于添设机器浚船等三项工具设备，虽属治河新技术的引进，而在当时则已大都通行采用。卢法尔的上述建议，在今天看来似属老生常谈，就当时说，则是治河上的一大革新，它和传统的治河方法走的是两条路。在长期的封建社会政治思想局限下，对于新事物的接受是极为困难的。在西风东渐的形势下，清朝采取了"中学为体，西学为用"的方针。所谓"中学"就是我国两千多年封建社会的道德传统和尊经崇古的治学方针。而卢法尔的建议，则是西方资本主义社会科学技术发展的成果。对于后者的采用，自需有一个斗争过程。查明朝资本主义萌芽时期所提出的治河方针，和已往相比，已略有转变。而直到清初始明确地提出"必当酌今"的治河方向。然以资本主义长期未得发展，所以清初治河也只能在"师古"与"酌今"的夹缝里前进。如若采取卢法尔的建议，就完全违背了传统的治河方向。所以李鸿章在"西学为用"的原则下，只采用了机器浚船等设备，而对于其他治河建议则漠然视之。

　　清王朝虽然没有接受上述建议，而资本主义国家入侵以后，他们在若干海口一带的河道上进行导治，当然采用了他们自己的方法。我国有识之士这时也多提出以近代科学方法和先进技术治河的建议。因之水文站的设立和地形图的测绘终于逐渐开展，但还远远跟不上时代发展的要求。今仍以黄河情况为例。

　　"一九一八年和一九一九年，华北（顺直）水利委员会就在泺口（今济南）及陕州先后设立了水文站。至一九三七年，全河还只有水文站三十五处，水位站三十六处，雨量站三百处。后来因战争关系，测验工作陷于停顿。""在地形测量方面，至一九三三年仅有比例尺很小、质量很差的黄河流域各省陆军调查图或陆军地形图。一九三三年黄河发生了异常洪水，才不得不进行下游河道地形测量，但竟进行了五年之久。""在地质方面，一九一九年北京地质调查所作出了一部分百万分之一的地质图……"⑩由此可见，水文站是上述建议后的二十年、下游河道地形测量（不是全河）是在其后三十三年才开始的，而且是远不足

　　　　　　　　　　　　　　　　　　　　　　　　　　　·137·

用的。

12 – 4　帝国主义掠夺下的治河方案

一九三七年日本帝国主义侵略我国后,为了掠夺我国丰富资源,日本东亚研究所提出了所谓治河方案。这是在掠夺的目标下所提出的方案。

日本东亚研究所一九四四年编印的综合报告露骨地提出:"华北的地下资源丰富,值得将来注意者则为金、矾土、页岩、煤油、石膏及硼砂等。"为了充实其军事装备,扩大对我国的侵略,他们急于对这些宝贵资源进行开采和加工。因此,在其治河计划中,特别注意航运和水电的开发。其航运方面,提出:"修建清水河、三门峡蓄水库,下游河道亦施以妥善处理,则黄河可航行相当大的船舶。再改修小清河。则对于山西南部、河南北部之庞大资源向日本内地运输,自属可能。"在水力发电方面,提出了两个方案。第一个方案包括清水河、禹门口等十四个水电站,最大发电量可共达五百二十九万千瓦时。并且提出首先修建清水河水库。第二个方案包括清水河、三门峡、小浪底等十一个水电站。并且提出首先修建清水河和三门峡水库。在其他方面还作了一些计划和安排,都是为了达到其掠夺的目的⑪。

据说,在陕县三门峡修坝计划中,欲使回水西至临潼,北逾韩城,淹没良田二百万亩,建成水库达四百亿立方米,可以容纳全年的黄河流量,用以发生最大的电能。这完全是掠夺者的心怀。为了掠夺我国工业资源,虽淹没大量良田,亦所不惜。作者后来研究黄河治理,涉及陕县一带筑坝修库时,则明确表示:"库之回水影响,不宜使潼关水位增高。"⑫

当然,由于侵略战争的失败,他们并没有作出比较完整的计划,许多问题也没得到妥善解决。但却说明一个问题,治河的任务因治河的目标和要求而定。而治河的策略和方案则又因治河的任务而定。虽然同是修建某项工程,必以不同的任务而有不同的方案。总之,治河的策略和方案是因治河的任务决定的,又因科学技术的发展而发展的。

12-5 在近代科学技术指引下,李仪祉论治河

在门户开放以后,我国也先后设立工科大学,并派遣大批留学生赴欧、美、日本等国学习。回国之后,言治河者,大都在总结我国历代治河经验的基础上,参照西方治河的先进技术,依据近代科学的基本原理,提出一些新的见解。对于我国治河起了促进的作用。李仪祉就是其中之一。今欲以其为代表,略述在近代科学技术指引下,治河策略的发展和治河方案的探讨。

李仪祉初名协,字宜之,于辛亥革命前后在德国留学,并曾专习水工科目。初论治河于民国初年。其后二十余年间,一直从事与水利有关的工作,并一度主持黄河水利委员会事宜。关于黄河的论著颇为丰富。今以其为代表,略述当时治河策略的一般趋向。当然,他的见解,随着资料的补充和参酌各家的意见,前后也有所改变。这正是时代急剧变化中的必然现象。

李仪祉对于以科学方法治河的信念甚深。因之在民国初年就曾经指出:"以科学从事河工,一在精确测验,以知河域中邱壑形势,气候变迁,流量增减,沙滩堆徙之状况,床址长削之原因。二在详审计划,如何而可以因自然以至少之人力代价,求河道之有益人生,而免受其侵害。昔在科学未阐时代,治水者亦同此目的。然则测验之术未精,治导之原理未明。是以耗多而功鲜,幸成而卒败,是其所以异也。"[13]这也正与前引卢法尔建议的精神相同。在以后的研究中,得知全河只有泺口与陕县两处水文站,认为"以如此不规则之河道,仅恃两站以研究之,是犹操豚蹄而祝满篝,何济于事!"[14]他主张应有严密之水文测验及水工试验,以研究泥沙沿河沉淀之状,与夫何以不能长维洪水刷后深广河身之原因[15]。提倡测量全河[16],研究土壤泥沙[17][18],建议于黄河流域设立一等测候所[19]。

但是,他并非专注于根本之治理,而忽视当前之问题。"根本治导,自非旦夕所可成功,鲁莽所可幸致。为今之计,须先维持河防,使十年之内,不致为灾,一面探讨全河形势及水文,以为治本计划。"[20]他希

望一方维持现在局面,使河不改道,一方用极大力量,去做治本之事㉑。

在二十世纪三十年代初期,他提出了治河的目的:"要讲治河,先要决定治河之目的何在。有了目的,然后可以对着目的下工夫。试问我们对于黄河之目的何在?以前的治河目的,可以说完全是防洪水之患而已。此后的目的,当然仍以洪防为第一,整理航道为第二。至于其他诸事,如引水灌溉、放淤、水电等事,只可作为旁枝之事,可为者为之,不能列入治河之主要目的。"㉒

这一治河目的,颇似西方早期对于河道整治的观点。但就当时和往日的治理黄河策略对比说,则已大有不同。他说:"时至今日,科艺猛进,远非昔比。今日之治河,固不能仍自屈于汉、元、明、清之世,而仅以王(景)、贾(让)、潘(季驯)、靳(辅)之功自限也。亦不宜神视禹功,以为后人所不及也。用古人之经验,本科学之新识,加以实地之考察,精确之研究,详审之试验,多数之努力,伟大之机械,则又何目的之所不能达。"㉓

本此精神,其后对于灌溉、放淤、水力发电等,均列入治河计划之中。如,对于甘肃、宁夏、绥远(内蒙古)的灌溉,提出改良和扩广的意见㉔。对于山东省致力放淤、改良碱地,从事沟洫,以及灌溉等工作,表示支持,并建议统筹办理㉕。对于西北地区的水土利用,表示应因地制宜地大力提倡㉖。对于干支流的水力发电亦大事提倡㉗,并建议先于壶口、孟津及渭河宝鸡峡等处建设水力发电厂㉘,等等。

李仪祉又重视西北黄土地区的治理和下游河槽的固定。兹略述之。

他认识到,黄河为患下游的根本原因是"善淤"。而这个问题是在下游治理中难以根本解决的,往日"束水攻沙"的效果不显,即其一例。因而他主张黄河的根本治法,应把重点放在西北黄土高原。他说:"今后之言治河者,不仅当注意于孟津、天津、淮阴三角之内,而当移其目光于上游。"㉙

他对于黄土高原的防冲工作,在民国初年认为"森林治水,其效甚微"。"予以为森林固应提倡,以为工业发展之预备,而勿为治水之希望也。欲减径流与其所挟沙量,予拟有三途以代森林,有大益而无碍。

三途惟何？曰植畔柳、开沟洫、修道路。"㉚所谓植畔柳，即于阶田三畔，植矮柳一行，以减少沙随水去之量。所谓开沟洫，即师古沟洫之意，可以容水，可以留淤。淤经谍取，可以粪田，利农兼以利水。所谓修道路，则以西北黄土地区道路多深处地面之下，深者至十余丈，北方名之曰胡同，虚土埋轮，遇雨泥沙下输，所以应当修道路。但是后来对于保持水土方法的认识则有所发展。"防沙之法分二种：一、防止冲刷，以减少其来源，如严防两岸之冲塌，另选避沙道，培植森林，平治阶田，开挖沟洫。二、设置谷坊以堵截其去路。山谷之间设坝横堵，既可节洪流，且可淀淤沙，平邱壑。应相度其本支各流情形，以小者指导人民设置之，大者官力为之。"㉛

他认识到"洪水之源，源在中、上游；泥沙之源，源在中、上游"㉜。但是，他在早年不同意以水库节蓄洪流之法。"治水之法，言者以水库节水，各国水事用之甚多。然用于黄河，则未见其当，以其挟沙太多，水库之容量减缩太速也。"㉝但后则认为"非常洪水莫有节制，则下游仍须泛滥。我们预备在中、上游黄河支流山谷设水库，停蓄过分之洪水量。"㉞并认为各支流设水库后，"则下游洪水必大减，而施治易为力。非独弭患，利且无穷。或议在壶口及孟津各作一蓄洪水库以代，则工费既省，事亦易行。亦可作一比较之设计，择善而从"㉟。他还认为"蓄洪以节其源，减洪以分其流，亦各配定其容量，使上有所蓄，下有所泄，过分之水有所分。"㊱

李仪祉对于黄河的治理意见，在约二十年间是有变化的。这说明，这样一个激荡的时代，对于治河策略和方案的发展也起着推进的作用。

他虽然认为"导治黄河，在下游无良策"㊲，但对于固定下游河槽的研究则十分重视，并约请德国恩格斯教授作试验研究。不过，对于这项工作，也还只在设想阶段。现在从以下三方面略加说明：固定河槽，采取什么流量标准；河槽应采取复式或单式；如何着手工作。

他同意恩格斯所建议的单式河槽。黄河现在为复式河槽。"因为洪水流量太大，单式河槽不能容纳，使之向外发展。但是，洪床上的横断面，常常因为太浅，或者崎岖不平的缘故，失掉排泻的能力，不过做了个临时停蓄之地。尤其是黄河，含有多量泥沙。使它的力量不能集中，将一起的泥沙,借洪水的力量输入海,是很可惜的。故著者也是主张使黄河横断面逐渐演变为单式为优。"⑧

至于固定河槽的流量标准,应根据河流的情形计算而得。他不同意恩格斯教授所建议的"中水位"的标准。盖以"黄河挟泥沙最多者也。欲固定一槽,使常守之而不冲刷,不淤填,则又焉能舍泥沙问题不顾,而唯水位是求?如是则失恩氏之意也"⑨。他主张以常至之洪水处于本槽,即所欲固定之河槽,因为这样的洪水不至为下游害,而且有冲刷之能力。据其研究所得,姑定本槽之容量为每秒六千五百立方米。并声明对此数值,以后还需加以研究更正。固定河槽的流量标准既定,然后"再按各处洪水面、比降以及河槽糙率,计算出标准断面形式,得出标准河幅宽度。则在此宽度之内,要河刷深,至与标准横断面相符为止。标准宽度以外,要使河滩地逐渐长高"⑩。最终使之逐渐转变为单式河槽。那么,大于上述的流量将须节蓄于水库之中。

河槽如何挖深?"利用水力,较为有效。"⑪"这样的伟大工作,要用人力去挖河槽是绝对不可能的。但用河水自己的力量,著者想不是怎样的难事。因为黄河本来具有这样的能力。只要我们驾驭得法,总可达到目的。"⑫

滩地如何长高?建议用固滩坝。"著者以为要达'河滩长高,河槽刷深'的目的,所施的工程,须具四种条件:一、工价极省;二、具伸缩性,随河床之变迁,而不失其用;三、不妨碍河床刷深之天然工作;四、可以随时按环境需要而增益。因之拟了一种方法,名曰固滩坝。"⑬

固定河槽工作如何着手?当然须先有个周密的设计。然以黄河因事实的需要,意欲于充分之资料获得以前,就全河先为之固定若干结点(如现有的险工段),使结点为河槽必由之路。于结点之间,则先固定河槽之一面(即凹面),以为引导。其他一面则待事实上进展之需要,而逐次固定之。"河防段长二千余里,势不能自头至尾之河床完全加以固定。即能,亦不能同时举办,势必有先后缓急之别。然则,何处应后加固定,何处可以不需,何处应先着手,是又不能不加以审择。本篇之所谓结点,即以为审择先后之标的。"⑭

西方人士,如美国费礼门,德国恩格斯、方修斯所议,亦多就下游固定河槽立论,方法则大同而小异而已。

李仪祉对于当时治河的缺点亦有所指责。如"然历来施于河之治功多矣,迄无成效者何耶?筑堤无学理之研究,守护无完善之方法,官弁无奉公之才德耳。苟欲根本图治,一在实事科学之研究,二当改变其河务组织,洗清积弊,力谋更新始可。"⑤"黄河之利害头系如是其钜,而不能使其脱离地方性(按:指由下游三省分管),则势必省与省相逆,县与县相逆,如是尚能言治河乎。"⑥"现在的河防情形,实在是不能满意。不满意的事实如下:一、每年河防费,三省要担任到近百万元,是否有一比较完善的办法,可以减少此浪费。二、河防虽然花了许多钱,而差不多每隔一年或二年,仍免不了出险(按:指决口)一次或多次。摧毁的人民财产辄在数百万至数千万元。三、河床历年加高,说不定什么时候就有改道之虞,其祸害更不可胜言。四、历来河防,专重下游。上游中游的河害,如绥远、秦、晋,亦自不少,无人顾及。以此看来,我们专对于河防,亦要改弦更张。"⑦

那么,李仪祉曾主持黄河水利委员会事宜,有何建树呢?这是民国二十二年(公元一九三三年)黄河发大水以后的事,这个机构初步组织成立,他在职约两年。作者亦曾参与工作。这时下游河防仍由三省分管。该会曾提出"十年小成,三十年大成"的治河目标。成立之初,所事工作多为此作准备,先从基本资料观测调查起。如全河水文站网、黄土高原不同地区水土保持实验站、下游河道治理模型试验所等的设立,河道地形测量和全河实地勘查的施行,等等。在短短的两年中,亦只属开端而已。作者正值壮年,甘愿分任繁重的日常事务,请其专心考虑治河策略。所以他在此期间写出了大量治河论文。由于他比较了解黄河实际情况和历代治理经验,所见亦颇为当时所重视。惟以时值引用近代科学技术之始,各种资料搜集亦只初步开展,所以虽然提出一些问题,而解决则尚有待。

纵观李仪祉二十余年的治河言论,实为我国由古代科学技术进入近代科学技术的开路人。他不"以王(景)、贾(让)、潘(季驯)、靳(辅)之功自限",而认为"时至今日,科艺猛进,远非昔比"。因之欲"用古人之经验,本科学之新识,加以实地之考察,精确之研究,详审之试验,多数之努力,伟大之机械",完成现代治河的任务。持此抱负,孜孜不倦地从事调查研究。虽未能实现"十年小成,三十年大成"的宏愿,但为来日治河奠定了有力的基础,是则应为特书也。

12-6 全面治理,综合利用,促进经济发展的设想

作者根据历史的研究、亲身的体验与初步的勘测探索,于一九四七年拟订《治理黄河纲要》八十条。提出治理黄河应当防制其祸患,开发其资源,并用以促进农工交通事业的发展,改善人民生活,提高知识水平的方针。治理的方略,则应上中下游统筹,本流与支流兼顾,以整个流域为对象。各项工程计划,则应依据具体情况,配合农工交通的需求,进行综合开发利用⁴⁸。

当灾害未除,而且益为严重之时,骤倡"防患与兴利并举",闻者每笑置之。诚以河患严重,患尚未减而倡言兴利,自难免好高骛远之讥。然皆以目光所限,未识黄河的天赋资源,未识近代的科学技术,未能就黄河的治理与经济的开发相互联系之也。

"黄河既蕴有巨大之资源,则正可利为改善(黄河)之资,而无需他求。果能一一建设而开发之",则"可望达到以河养河之目的。发展至极,所得且可超过所需,所谓以河裕国之理想,将不难达到。利益之巨,绝非消极之防灾所可比拟也"。盖以当时言及治河,辄以经费难筹相告,故有"以河养河"的设想。实际上,在半殖民地半封建的统治下,即使治河有利,若欲用以为人民办事,亦犹"与虎谋皮",妄想耳。

按近代的科学技术发展说,治河"兴利与防患二者,在设施上与效用上,往往不可分割。例如,原用以兴利之设施,可以在防患上发生巨大的作用;原用为防患之设施,亦可能在兴利方面发生显著之影响。因利之兴,而害即灭。因患之除,而利亦见之情形,势所常有。是以两者并办,便利殊多"。

当然,要达到上述的目的,则必须就全河立论,不应只就下游论下游,而"应上中下三游统筹,本流与支流兼顾,以整个流域为对象"。这虽是近代治河之所趋,但以黄河几千年的历史,工作只在下游。所以一

般人便认为,竭全力以防河,还忙不过来,遑论其他? 所以当时必须着重加以说明,用以转变这一认识。诚以"治河息息相通,牵一脉而动全体"。"各项工事彼此互相影响,应善为配合"。

盖以近代大型工程的建筑技术日精,一项工程的兴建,"凡能作多目标(开发)计划者,应尽量兼顾"。例如,一个大水库的修建,既可拦蓄洪水,又可利以灌田,发电,便利航运。换言之,它关系到农业、工业、交通运输的发展,并可供给各方面的用水,又能免除水灾的泛滥。因之,不应只存有为防灾而治河的狭隘心理,"必抱有开发整个流域全部经济的宏大志愿"。这种治河目标,是根据现代经济发展的要求,是近代科学技术发展的结果,也必然是治河所要走的道路。

《纲要》的具体内容,除论及基本资料应急谋普遍充实,加速调查观测外,分别就泥沙冲积的控制、水资源的开发利用、水患的防范与洪流的拦蓄,等等,提出建议。其所涉及的工作范围,上自青海贵德龙羊峡,下迄山东利津海口,以及各主要支流及黄土高原地区。所涉及工程项目,包括青海贵德至宁夏中卫,内蒙古托克托河口镇至河南孟津间的大型水利枢纽的拟议,以及农田灌溉与畜牧用水、发展航运、整治黄土高原、加强堤岸防护的设想,等等。至于工程性质,有的为治本,有的为过渡,有的为应急,亦均分别有所论述。然由于当时所依据资料与个人学术水平之所限,只不过提出一些可供参考而有待进一步研究的若干问题而已。

*　　*　　*

清朝末年门户开放以后,西方近代科学技术便逐渐输入。然直到进入二十世纪,治河依然"率由旧章",如本章三节所述。迨至作者从事治河探索,则为近代科学技术与古代科学技术治河开展斗争之时。事实上,直到一九四九年,古代科学技术仍然占领统治地位,治河工事一如旧贯,不准变动或新建。一九三三年,黄河发生大水灾以后,国民党政府虽被迫成立黄河水利委员会。但除进行一些基本资料观测和试验研究外,对于治理黄河的实施措施则一概不准问,不许动。而观测研究工作亦屡遭干扰破坏,时作时辍。不过,经当时进步力量推动,终于积累了一些基本资料,探索出一些治理途径。

总之,在这一百年间,黄河的外貌虽一仍旧贯,而治河的变革则在积极酝酿发展之中。盖以近代科学的引进,基本资料的观测,自然规律的探索,治河理论的研究,对于黄河的认识逐步有所提高,对其治策亦因之多所建白。加以借鉴国外的经验,并目睹其成就,更觉得治理黄河的方略非大为改革不可。但是,变革的阻力是很大的。似乎和半殖民地半封建社会制度一样,若不从政治思想上来一次大革命,治河的方略是不会有所变革的,黄河的面貌也是难以改观的。果然,在中国共产党的领导下,亿万劳动人民闯开了一条新路,建立了社会主义新中国,黄河的治理也便飞跃发展,一往无前了。

注:

①黄河水利委员会:《人民黄河》,第二篇,第一章,第二节,水利电力出版社,1959 年。

②《再续行水金鉴》卷八十五。

③李鸿章光绪二十五年二月奏疏。见林修竹:《历代治黄史》卷五。

④岑仲勉:《黄河变迁史》,第一四节下四注引《清史稿》河渠志一,人民出版社,1957 年。

⑤岑仲勉:《黄河变迁史》,第一四节下四注引《经世文续编》八九,人民出版社,1957 年。

⑥岑仲勉:《黄河变迁史》,第一四节下四注引《光绪东华录》三〇,人民出版社,1957 年。

⑦、⑧、⑨林修竹:《历代治黄史》卷五。

⑩、⑪黄河水利委员会:《人民黄河》,第二篇第二章第五节。水利电力出版社,1959 年。

⑫、48张含英:《黄河治理纲要》一九四七年立秋日油印稿。经南京《和平日报》于民国三十六年(公元一九四七年)九月二十九日、三十日,十月一日、二日转载。

⑬、30、33《黄河之根本治法商榷》。

⑭、⑮《黄河水文的研究》。

⑯、32《请测量黄河全河案》。

⑰《黄河流域土壤研究计划》。

⑱《研究黄河流域泥沙工作计划》。

⑲《黄河应行兴革事》。

⑳《治黄意见》。

㉑《中国的水利问题》。

㉒、㊳、㊵、㊷、㊸、㊼《黄河治本探讨》。

㉓《黄河水利委员会工作计划》。

㉔、㉕、㉘、㉙、㉛、㉞、㉟、㊱、㊶《黄河根本计划概要叙目》。

㉖、㉗《西北水利问题》。

㊲《导治黄河宜注重上游，请早派人调查研究案》。

㊴《固定黄河河床应以何水位为标准》。

㊹《固定黄河河床先从改除险工入手议》。

㊺《五十年来之水利》。

㊻《本年董庄决口救济水患之先机》。

结　束　语

　　黄河流域是我国的文化摇篮,古代经济重地,长期的政治中心。在封建社会上升时期,历经战国、秦、汉数百年间,黄河流域呈现一派极为兴盛繁荣的景象。然自东汉而后,我国经济、文化中心便逐渐向南方转移。迨至五代,黄河流域则大为衰退。范文澜在《中国通史简编》论及五代十国的经济情况时指出:"从此以后,中国经济、文化的中心进一步地转移南方,北方变成比较落后的地区。"并且认为,"这个大变化,是五代历史上的重大特点"。当然,这种变化的原因是多方面的,而黄河下游水灾严重,治河的科学技术赶不上社会经济发展的要求,也必然是促使这种变化的一个原因。

　　我国治河有着悠久的历史。"大禹治水"的传说,是四千多年前的事了,一直被人们广泛地流传歌颂着。大禹建立夏朝,我国便从原始社会进入奴隶社会。由于黄河下游大平原为冲积所成,在自然情况下,在某一时期的某一地区,必然常遭洪水泛流的灾害。因之,"治水"便成为这一地区维持生活安定和经济发展的必要手段。所以"大禹治水"也可能是广大群众长期与洪水搏斗的代称。在长期治水的实践中,技术逐步有所发展。到了奴隶社会末期和封建社会早期,对于黄河水患的防御和水运的发展,便有了较大的成就。继之以南北水系的沟通,逐渐形成以黄河为骨干的"漕运"网。它对于封建社会上升时期黄河流域经济的兴盛繁荣,必然起着极为重要的作用。

　　战国时代治河的突出表现为下游两岸长堤的完成。它改变了洪水自然泛流的面貌,保障了平原地区人民的生活和生产。但是,解决了一个矛盾,又产生了一个矛盾。由于黄河挟带大量泥沙,河槽淤积严重,下游逐渐成为"地上河",而且淤积与年俱增。于是"善淤、善决、善徙"便成黄河的特点,因之也就必须把治河视为经常的、必要的业务。历代对于治河的科学技术大都有不同程度的建树,已为本书各章所列述。

然在封建社会走向下坡路的时代,宋、明治河虽亦有所发展,而五代以后的一千年间,文献记载的河患次数,一般说来,与年俱增。原因何在?在这一期间,黄河流域的自然面貌有无显著的变化,水流的自然条件有无较大的更易,尚有待进一步调查研究。今姑据黄河近代的自然情况和封建社会走向下坡路时期的政治思想体系,试论文献记载决口次数与年增长的原因。

大河决口次数的记载,对于灾情的表达有其一定的意义,但难以圆满地表达灾情的轻重。盖以决口后的灾情,当因决口的季节、分流的多寡、历时的久暂,以及泛区的大小、人口的稀密、社会经济发展的程度而定。这些复杂的内容,是难以单纯用决口次数来表达的。即使同样的决口情况和泛区大小,也每因时代之不同而灾情的大小有差。如社会经济发展,居民日益繁衍,在同样的决口泛流的情况下,灾情必较严重;因之,对于河流安全的要求必较往日为高,对于决口威胁的感触亦必较往日为深,决口的记载便可能较详。此外,决口记载的详略也常受其他因素的影响。所以,古代的某一时期决口次数较少,亦或不能正确地反映当时河道比较稳定,堤防比较安全。但是,一般地说,在一个较长时期,决口记载的次数日趋增长,则可视为衡量灾情日重的一个指标。近千年的决口次数记载逐渐上升,便足以说明治河业务落后于经济的发展,落后于社会的要求。可能是"北方变成比较落后的地区"的一个重要原因。

那么,治河业务落后于社会经济发展和要求的原因何在? 概略言之,有自然的和社会的两种原因。试分论之。

黄河是一条难治的河流。它的自然特点是水流挟沙量特大,洪水迅涨而势猛。现行河道为清咸丰五年(公元一八五五年)河南兰阳(今兰考)铜瓦厢决口后,改道北流,夺大清河注入渤海的河道。河源至河口的流域面积为七十五万二千四百四十三平方公里,全长为五千四百六十三公里。而其上、中游则有一个面积为五十八万平方公里的黄土区,通称为黄土高原,约占全流域面积的百分之七十七以上。黄土疏松,易受水流侵蚀。现在黄土高原的四十三万平方公里为水土流失区,大部属于中游地带,其中二十八万平方公里为水土流失严重区。一遇暴雨,便有大量泥沙随流而下。根据河南陕县水文站多年的记载,平均每年下泄泥沙十六亿吨(按:"沙"指水流冲携的土质,为水文学上的专用名词,其意不同于一般所指的沙)。而该站平均每年下泄的水量,则仅为四百一十二亿立方米。换言之,每立方米水流的挟沙量为三十八公斤。这是世界大河所远不能比拟的。每年平均淤积于下游长七百六十七公里河槽的泥沙约四亿吨,每年河槽抬高约十厘米,每年平均淤积于河口三角洲的泥沙约八亿吨,造陆三十平方公里,其余泥沙沉积海底或随水流去。现在黄河下游二十五万平方公里的大平原(亦即大三角洲)主要为黄河冲积所成。"河"本是这条水流的专称,然以其色黄,从汉朝起就加上了这个形容词。不过,后世文献中仍多以河相称。从此亦足说明,这条只有一百一十万年的青年河流,还起着极为旺盛的冲积作用。

黄河流域是比较干旱的地区,流域内每年平均产生的径流量仅为五十五毫米。但是,它的中游北部则经常发生暴雨,而且强度特大。例如,一九五七年,内蒙古商都三小时十分钟降雨六百二十毫米;一九六四年,山西中阳金家庄二十四小时降雨四百二十二点三毫米;一九七一年,陕西神木杨家坪十二小时降雨四百零八点七毫米,内蒙古乌审的哈木图木登十一小时降雨一千八百五十毫米,造成世界记录。每年七至十月为雨季,河水流量较大,遇有暴雨,则洪峰骤起,呈现陡涨倏落之势,总水量相对地说虽不大,但对下游堤防则造成严重威胁。所以一年中的流量变差极大。根据陕县水文站的统计,最小流量记录还不到每秒二百立方米,而一九三三年八月,则出现了每秒二万二千立方米的洪水,常称之为百年一遇的洪水。然据调查推算,一八四三年(清道光二十三年)陕县曾发生每秒三万六千立方米的洪流。一直流传"道光二十三,洪水涨上天"的惊人灾难。由于黄河灾害严重,影响极大,现拟采用这一洪水为下游的防御标准。又据推算,下游的特大洪水可能达到每秒四万五千立方米。由于暴雨的影响,黄河不只在一年内的水流量变差很大,年际间的每年泄水总量的变差也很大。今以一九六一年至一九七七年间实测系列为例,最大与最小年的泄水总量比,竟达四点四倍。挟沙量也因降雨与洪流的情况在年际间也有很大的差异,这正是黄河水文的特点。

黄河挟沙量特大,下游河道便淤积严重。在较长时期不决口的情况下,河槽每年平均淤高十厘米,也就是说,十年可淤高一米。所以黄河下游是一条迅速增长的地上河。在过去决口频繁时期,河槽的淤高进展较缓,因为决口后大量泥沙淤积在广大平原泛区,决口处的上游河段且被刷深,仅其下游局部河段淤高。由于河身高于两岸,所以决口的泄水常顺,而堵塞则较困难。长期安流是治河的一大进展,但是带来了一个严重问题,河槽的迅速升高,是急待解决的问题。

过去对于水文的观测不精,只知水流的涨落和泥沙量大而善淤,但没有水流和泥沙数量的观测。惟对于洪水量大和河道善淤的特性,则早为古人所熟知。西汉王莽时,张戎说"河水重浊,号为一石水而六斗泥",致使下游河槽淤高,成为地上河。他比之"犹筑垣而居水也"。还提出减淤的设想。明朝刘天和认为,黄河的特性是"善淤、善决、善徙"。经常决口和改道,则由于河槽淤淀严重所致。清初陈潢说:黄河流经"西北沙松土散之区,于焉流愈急而水愈浊。浊则易淤,淤则易决耳!"由此可见,古人早已认识"筑垣而居水"的地上河,是为患的主要自然原因。地上河决口后的灾情亦较一般河流特为严重。

至于水流,就一条大河说,年输水总量是比较低的。只是由于暴雨区在中游,而强度又大,且多属深山丘陵地带,迅速倾向下游,洪峰每呈陡涨之势,远远高于一般伏秋洪水。古代仅赖两堤防水,又无水流数量的观测,对于两堤间的距离和堤的高度自难有正确的计划。加以河槽逐年淤高,又以其他社会原因,所以时常出现决口的危害。关于水位涨落的观测,驿马报水的组织,古已有之。迨至宋朝,对于水流涨落又有较为明确的认识,形成防水的"四汛",即按不同季节的涨水,分为秋、伏、桃、凌四汛,其中秋、伏又称大汛,为河防的紧张阶段。并严定风、雨、昼、夜"四防"的制度。对于水流涨落所引起的河流方向的变化,大溜顶冲位置的转移,堤岸损坏、坍塌、淘空的情况,以及河槽冲淤的现象,等等,这时亦均有进一步的认识。而对于暴洪骤袭则每感手足无措。

总的说来,我国古代对于这条举世闻名的高挟沙量大河的治理是有建树的。对于水流和挟沙的特性早有所见,对其运行规律亦曾事探索而有所得,对于下游堤防则极为重视。防御工事有长期的实践,积累了丰富经验,修防制度有严密的规定,培养出大批专才。但是河患依然频繁严重,固有其自然原因,如上所述,亦有其社会原因。

治河业务落后于社会经济发展和要求的社会原因,则为高度集权的长期封建统治,尤其是到了封建社会走向下坡路的时代,政治、经济、文化路线严重地束缚着科学技术的发展。兹分别探讨其影响如下:

首先,尊经崇古,须"按经义治水"。

治理黄河是对自然改造和利用的斗争,在认识论上是唯物主义观点还是唯心主义观点,乃决定成败的关键。治河史上的成就莫不具有唯物主义因素。治河的经验是长期劳动实践的积累,对于适应自然、改造自然的认识也是在不断前进中发展的。但是,为了维持封建体制则力倡尊经崇古的学说。到了宋、明这种控制又更加紧一步。治水亦必遵照经义,不得另辟途径。因之,势必限制治河科学技术的发展,使治河长期徘徊于"筑堤"与"疏导"的争论中(按:这是鲧、禹治水路线成败对于长期封建社会治河的影响)。到了清初,虽有"必当酌今"的思考,但仍须在"必当师古"的前提下行事。也就是说,理和法"必当师古",至于具体工程措施,可以"酌今"。这又怎能促进治河科学技术的发展,以适应社会经济发展的需求呢? 对此,本书第八章四节、第九章二节和其他有关各节,均有论述。这是束缚治河的重要思想因素,兹特举数例作为说明。

汉武帝时,齐人延年建议,把黄河从后套一带导使东流入海,以免为下游患。武帝对此虽加赞许,"然以河乃大禹之所导也。圣人作事为万世师,通于神明,恐难改更"。延年的建议是否可行是另一问题,而武帝崇古的指导思想则至为显然。

明朝潘季驯治河具有朴素的唯物观点,而且有所建树。但他的根本认识则是:"大智者必师古,而不师古则凿矣。"他在"筑堤"遇到反对时,便引经据典,以证明"禹之导水何尝不以堤哉"。当然,他也或者为了迎合当时一般社会趋向而作此辩解。但他的"崇古"思想则是很浓厚的。清初靳辅治河是有成就的,他则说:"大禹千古治水之圣人也。

《禹贡》千古治水之圣经也。""《禹贡》圣人之书,其言不可易也。"陈潢也说:"千古治水者莫神禹若也。千古知治水之道者莫孟子若也。"如此等等。正是由于把"圣人之书"和"圣人之道"奉为"永恒真理",所以封闭了治河前进之路。

其次,尽人事、听天命。

"畏天命"是孔子所说的君子有"三畏"之一,是维持封建社会的一个重要支柱。它在治河的斗争中也起着消极的作用。

适应自然、改造自然和利用自然是人类生存和发展的本能。大禹治水传说之所以深入人心,正由于此。但黄河有其难治的客观原因。在神权教育下,有人对治河便抱有极为消极的态度。如宋朝程颐说:"汉火德,多水灾;唐土德,少河患。"他把河的治乱完归诸天命,人是无能为力的。古来大多数治河的人,也都抱有尽人事、听天命的思想,并以此掩饰其治河无能。明朝刘天和认为黄河的特征是"善淤、善决、善徙",而徙由于决,决由于淤,是具有唯物观点的。如能在此基础上作进一步的研究,必能推动治河的发展。但是,他却把黄河善淤、善决和善徙视为黄河的本能,是难以改变的。"自汉而下,毕智殚力以事河,卒莫有效者,势不能也。"因之,便拜倒在淤、决、徙的面前,尽人事、听天命而已。其他治河的议论和行动,如"俟其泛滥自定"、"以不治治之",等等,实际上就是这种思想的具体表现。

清末魏源是有进步思想的,他根据当时的河流形势分析,认为根除水患,应当改河北流,由大清河入海(即现行山东境内运河以东的河道),也是具有唯物观点的。但他却有意无意地走进迷信境地。他说:"河归大清河,则黄流受大清(帝国)之约束,以大清为会归朝宗之地。"(按:朝宗意谓诸侯朝见天子)魏源认为"河归大清"是天降祥瑞于清王朝的象征,欲借以望其建议之能被采纳,亦徒劳也。当然,他也可能有意识地利用当时的迷信思想,冀其议之得售。但由此亦可见,天命观对于治河发展的束缚作用。

跳不出"畏天命"的圈子,就难得治河科学技术的发展。

第三,士为"四民"之首,轻视劳动实践。

古称士、农、工、商为"四民",但以士为首。从唐朝起,便以科举取士。历代相沿,虽制度有变,而主要则以科举考试,录取读书人。旧制,未经过一定等级的考试及格者,不得为官,也就不能登进封建统治集团。所以,科举考试是士子"上进"的唯一出路,也是封建社会选拔所谓"人才"的唯一手段。而考试的内容则以经义为主。这正是"万般皆下品,惟有读书高"的封建制度。

技术经验是劳动实践的成果。参加治河第一线的实践者有着丰富的经验。他们是封建社会治河所不可缺少的基层骨干。但是,他们的劳动却得不到应有的重视,士子出身的治河大员,不会为这些辛勤勇敢的体力劳动者的实践作总结。由于当时的等级森严,体力劳动者又没有读书的机会和条件。因之,这些"基层骨干"也不能从理论上加以提高。这种"劳心者治人,劳力者治于人"的分工,正是长期封建社会束缚科学技术发展的又一个社会原因。

文献中,没有官职而对于治河有突出贡献的人有三,一为明代的白英老人,二为明朝中叶的虞城生员,三为清初的陈潢。白英创修山东汶上县戴村坝,使汶水南北分流,为沟通南北大运河提供了水源。但其经历不详。陈潢以一"布衣"(即未通过科举考试及格的读书人)助靳辅治河,其业绩本书已多所介绍。今只以虞城生员为例,用以说明读书人参加治河第一线劳动实践后所起的作用。也就是从反面说明封建制度对治河发展的阻滞作用。

文献记虞城生员,而不书其名,说明他是一个未通过科举考试,而又没什么社会地位的读书人。虞城是当时沿河的县城。虽然这一读书人的经历不详,但据其言论,便足以肯定他是在治河第一线有实践经验的人。他为明朝中期治河理论的发展立了功。当时河流极不稳定,大有听其游荡漫流之势。而治理乏术,且有"以不治治之"的谬论。他却根据水流泥沙运行规律的研究,提出:"以人治河不若以河治河也。夫河性急,借其性而役其力,则可浅可深,治在吾掌耳。"便建议以堤坝来控制河流泥沙的冲积作用,既能使之刷深河槽,且可使之填高固堤。这一治河原则,与近代调整河槽的理论与实践相同。万恭采用了这一建议,取得了治河的显著成果。当时,黄河由开封东流至徐州茶城,夺泗南流,于淮阴注淮。徐州淮阴间五百四十里的黄河即为运河的一段。

黄河于茶城夺泗南流,河强泗弱,洄流淤淀泗口,阻碍北上漕运。遂于泗口筑导流坝,调整水流,控制冲积,"淤浅不治而自治矣",南北运河航道大为改善。

大约在上述工程成功后的约四年,潘季驯第三次任治河官,提出了"以堤束水,以水攻沙","借水攻沙,以水治水"的理论,并树立了为后世所遵循的"坚筑堤防,纳水归于一槽"的方针。潘季驯遗稿中虽然没有提及虞城生员的治河理论和茶城工程,而他的治河依据和策略,必然是在总结前人工作基础上发展而来的。这就足以说明,虞城这个名不足道的读书人,有一定的文化水平,又有一定的治河经验,在研究水流规律和工程实践的基础上,作出了有益的贡献。在长期的治河停滞中,在束手无策的任其漫流的情况下,促进了治河的发展。

当然,治河大员也是读书人。在其任职期间,就其耳闻目睹和亲身实践,肯定能获得一些认识,并能有所提高,如万恭、潘季驯等,但只是极少数,而且受其思想的局限(将于以下论之)。大多数则把任河职视为"过客",或视为贪污营私的据点。至于终身从事河务的劳动者,无论对于水流涨落,泥沙运行,堤岸冲积,工程措施,常能了如指掌,应变自如。且在艰险的堵塞决口工程上,完全依靠这些勤劳勇敢和技术熟练的"老河工"。这都是作者早年所亲见。但是,他们仅限于现象的认识,难得理论的提高;仅限于某种技术的操作,难得创造发明的机遇。这正是"劳心"与"劳力"分工的必然结果,治河发展迟滞的又一根源。

第四,鄙薄技艺,满足于概念性的认识。

封建社会的读书人力求所谓"上进",以便置身于统治阶层。他们的修养功夫是修身、养性、治国、平天下。他们轻视体力劳动,鄙薄工艺技术。《书经》指出:"玩物丧志"。他们把技艺视为"物"。如果沉迷于技艺,就会丧失其"上进"的志趋。他们不屑于研究治河技术,怕的是违犯圣人之教,阻塞"上进"之路。而虞城生员和陈潢等人,不怕"玩物丧志",因为他们根本没有"上进"的资格。所以他们对于科学技术能有所创见。而治河大员则只满足于对河流的一些概念性的认识。我们只举一些治河官员对于治河言论的例子,就足以说明这一问题。

明朝万恭与潘季驯对于治河都有所创见,而且都主张纳水归于一槽,反对多支分流,又都认为治河"有补偏救敝之方,无一劳永逸之策"。所以他们的基本主张是相同的。然由于徐州及其以下河道有两处卡水的"洪",万恭便主张应相机分流,以减轻这段河道的险情,而潘季驯则以为不可。万恭说:黄河上源有支河一道,自归德(今河南商丘)饮马池……出宿州小河口,今淤。"若河趋,则因势利导之,而丰、沛、萧、砀、徐、邳之患纾矣。"他主张于商丘、宿县间分两股下泄,宿县以下又合为一流,这不同于开支河分流。但潘季驯则坚持"纳水归于一槽"的意见,认为"防之乃所以导之也"。"合流似为益水,而不知力不弘则沙不涤,益之者乃所以杀之也……每岁修防不失,即此便为永图"。双方虽各有所见,但也只限于概念性的争论。由于双方对河水流量多寡与泥沙运行规律,均未作深入的观测研究,也只得两说并存,以不了了之。潘季驯坚信"筑堤束水",沙即被全部冲走,"自难垫河"。而事实并非如此。在有人提出反对意见时,又常答非所问,回避讨论,断绝前进之路。

又如,清乾隆年间,嵇璜鉴于大河北流势顺,建议改河由山东利津一带入海。而阿桂则谓地形"北高南低",改河北流乃背水之性。由于未作地形测量与实地查勘,双方所见虽似有一定的根据,然却均限于空论。

历史上治河争议纷纭,虽不乏真知灼见,但大都对河流形势缺乏实地的勘测,对水流与泥沙缺乏数量的认识,对自然规律缺乏试验观测的研究。这正是科学技术落后的表现,亦正是由于鄙薄技艺,满足于科举文章作风的必然结果。

第五,治河任务只从狭隘的阶级利益出发。

在阶级社会里,国家举办的各种社会活动,首先为统治阶级或当权者个人的利益服务。虽在关系到社会经济和群众生活、纵横数省的治河问题上,亦无视"民生",或者口惠而实不至。本书有关章节对此已多所论述。这样,便不可能竭尽群众才智以发展治河技术,亦难得除害兴利全面治理的效果。这便是治河科学技术发展迟缓,甚至停滞的一个重要的社会原因。为了说明这一问题,还是扼要地举几个例子。

汉武帝时,河决瓠子(今河南濮阳境),东南流,经泗注淮。丞相田蚡以其封地得免河患，长期不事堵复。王莽时，河决魏郡（旧治在今河南南乐一带），改向东南流，由千乘（今山东利津南北一带）入海。王莽以祖坟得免水灾，遂听其改道。迨至封建社会后期，元、明、清建都于现在的北京一带，"官俸军食"之所需，以及统治集团的生活消费，全赖江南供应。于是治河的主要任务便为维持南北"漕运"的畅通。这项任务称为"保漕"。那时黄河行南道（即今废黄河）。徐州到淮阴五百四十里的黄河即运河的一段（亦即黄河夺泗的一段）。希望确保这段河道不决口，不改道，免使漕运中断。黄河如在徐州以西的北岸决口，将冲断山东境内运河，所以要严加防护。然如在徐州以西的南岸决口，泛水总由淮河注洪泽湖，还可借以蓄水，以清刷黄，并改善淮阴一带漕运。因之，对南岸决口可少事过问。治河的任务只是为了保漕，不是为了治河。数百年间，治河的方针和措施并不为全面的兴利除害着想，而只注意于有关保漕的地区和措施，又怎能促进治河科学技术的全面发展呢！

上述论断是否言之过甚？且再举事例加以说明。明弘治六年（公元一四九三年）派遣刘大夏治河命令中指出："古人治河，只是除民之害。今日治河，乃是恐妨运道，致误国计。"明确地指出治河的任务只为"保漕"。常居敬论治河任务主次时说："故首虑祖陵，次虑运道，再虑民生。"由于洪泽湖积水面积逐渐扩大，明朝泗州祖陵将被淹没，出于封建迷信，便把"保漕"列居次位，而实际上"保漕"则仍居首位。又于隆庆五年（公元一五七一年），潘季驯在第二次任河官时，由于邳州河工告成，请奖励治河官员。王朝统治者说："今岁漕运比常更迟，何为辄报工完？"令工部核复。工部复道："河道通塞，专以粮运为验，非谓筑口导流便可塞责。"命潘季驯戴罪管事。潘季驯虽然堵塞决口，整修河道，然以未能及时完成漕运任务，则受到处分。这便充分说明治河的主要任务是什么。清朝靳辅论及黄河决口时"止于民田受淹，而与运道无碍"[25]，直是无视民生。他在治河十年之后，去职时说：从治河全面考虑，只要两处工程作好，就万事大吉。即洪泽湖东堤（高堰）与宿迁到淮阴间的黄河东岸遥堤。这是从全面治河考虑所得的结论吗？只是为了保漕，全非为治河着想，又怎能提高治河水平呢！

第六,社会动荡,河流纵横。

黄河是条地上河,有难治的自然原因,稍事疏忽便易成灾。因之,社会治乱直接影响黄河安危。五代以后,黄河流域长期动荡不安,甚至以河为攻守之具,更说不到治了。在这种情况下,治河必然停滞,甚至败坏。

所谓"五代十国",是唐朝以后,在中原地区先后建立而为期甚短的五个朝代(公元九〇七年至九六〇年),同时环绕中原地区,又成立十个小国。从唐懿宗咸通九年(公元八六八年)庞勋起义开始,九十多年间,黄河南北广大地区的大小战争接连发生。战争本身以及由此所引起的各种灾难,使黄河流域的经济、文化大遭破坏。单就黄河决口记载说,五代的五十三年间竟达三十七次。名为天灾,实乃人祸。而人为决口亦不乏其例。如,五代梁末帝贞明四年(公元九一八年),梁将谢彦章为阻止李存勖进攻,在杨柳城决河,大水弥漫,曹、濮二州(今山东西南部一带)遭大水灾。五代唐庄宗同光元年(公元九二三年),梁将段凝在酸枣(今河南延津县一带)决河,东注曹、濮、郓州,企图阻止唐兵,灾情严重。以黄河为攻守之具,乃战争中常见之事,历代多有记载。五代以后,民族战争长期连绵。宋与辽、金的争夺,构成"两国交兵,黄河为界"的形势,遂以黄河为御敌工具。金人占领黄河流域之后,"利河南行",任河日益南趋。迨至元朝,黄河流域破坏极重,决口记载频率,几达最高峰。在这一长时期内,治河虽偶有进展,但基本上是停滞的。

第七,单一小农经济结构的局限性。

自给自足的单一小农经济,轻视工商业,在封建社会走向下坡路时,严重地束缚生产力的发展。它在黄河的治理上亦有所表现。在封建社会初期的战国、秦、汉时代,黄河支流和干流有大规模的农田灌溉发展。如引泾的郑国渠,引漳的十二渠(当时漳水入河),以及上游前后套地区大规模的灌溉事业,呈现一派兴旺景象。后世历代虽多奖修水利之文,却少有大灌区的再现。为什么?是由于小农经济与大灌区的经营管理不适应。小农分散经营,而大灌区要求统一管理。这个矛盾不得解决,即使已出现的大灌区也逐渐消亡。前后套一带关系军垦,灌区虽仍得保留,亦只采取"广种薄收"的方针,听其自然,难得发展。

秦、汉注重西北边防,对于黄土高原从事垦殖。这时虽已认识黄河泥沙量大的严重性,但在"务农为本"的单一经济思想指导下,则少有退耕还牧、造林的建议和行动。换言之,对于黄河危害的根源——"善淤",虽多所论及,但却少有改变黄土高原生产方式的措施。遂致林草被覆破坏,陡坡耕种日扩,水土流失益重。

再则,由于对工商业的轻视,明朝中期虽曾有资本主义的萌芽,但长期未得发展。这时治河的理论亦曾一度有明显的提高,但以生产力的停滞,亦难得进展。

第八,从闭关自守到海运大开,一秉"中学为体"原则治河。

从十八世纪下半叶开始,清王朝便走上衰败的道路。这时前后,欧美资本主义的发展则非常迅速。鸦片战争(公元一八四〇年)以前,清政府在对外关系方面,采取了"闭关"政策,使我国处于与世隔绝的状态,保持着自给自足的封建经济基础。这时,我国的政治、经济、文化均已落后,然仍闭关锁国,以维护其古国文明的传统。但抵不住资本主义的侵略势力,在鸦片战争以后,我国便开始沦为半殖民地半封建社会。

嗣后,清王朝贵族、官僚,依靠资本主义国家的援助,镇压了太平天国革命,便以"自强"和"求富"为标榜,兴起"洋务运动"(或称"同光新政"),兴办了一些军事工业和各种企业,也开办了一些新式学校。而当时的基本方针则是"中学为体,西学为用"。也就是说,文明古国的所谓优良传统不能动,只把引进西方技术作为"富国强兵"之具。这是妄想。不从根本加以变革,只能把"文明古国"变为"东亚病夫"。走的正是这条道路。

这一时期,黄河治理走的也依然是老路。李鸿章于光绪二十四年(公元一八九八年),为了所谓统筹治河全局,拟定实施办法,曾履勘黄河。有比利时工程师卢法尔同行。卢法尔提出应先办之事三:测量全河形势;绘制河图;观测水流和泥沙数量,并提出治河措施的一些建议。这是采用西方近代科学技术治河的建议。但是,李鸿章在次年的"大治办法十条"奏疏中,对上述建议根本不采纳,仅有增加机器设备的两项内容:一为添置机器浚船,一为安装电话和设置运土小铁路。这正是贯彻"中学为体,西学为用"的原则,在治河上,对于近代科学的引用则完全置诸度外。直到国民党统治时期,虽然测量了河道地形,设立一些水文站,进行一些河道治理的模型试验,建立一些水土保持试验区,但是对于河流的治理与下游的堤防,以及其他除害兴利措施,则一概"不准动"。这时近代科学技术虽初步引入我国,但也仅限于"研究"而已。

鸦片战争前后,魏源是一个有进步思想的人。他认为"变古愈尽,便民愈甚","小变则小革,大变则大革,小革则小治,大革则大治"。根据当时黄河的形势研究,他主张应改道北流,由大清河入海(即现行山东境内运河以东的河道)。也正是在他建议的三年之后,河道真的自然改道北流了。不过,他不支持农民起义,且参加了镇压起义的活动;他把一切改革寄托于清王朝,不想触动封建社会的统治秩序。这本是当时改良派的一般认识基础。不过,结果是,谋求国家独立富强的愿望终成泡影,治河的冀求亦尽落空。他对于当时河势的分析是有唯物观点的。但又认为"因势利导之上策","事必不成"。也就是说,人为地改道北流是不可能实现的。但他坚决认为"人力预改之者,上也。否则待天意自改之。""岂非因败为功,邀此不幸中之大幸哉!"果然,三年之后"天自改之",但却没得到"不幸中之大幸"的结果,而是任其漫流泛滥二十余年,既没有按其所设想的,改道之后因其就下之势筑堤导流入海,而以后的近百年间,灾难依然频繁严重,民不聊生。也就是说,虽然"天自改之",也没得到"不幸中之大幸"的成果。地下有知,又作何想?(按:魏源逝世于一八五七年,即黄河于河南兰阳铜瓦厢决口改道后二年)换言之,根据当时世界潮流,不事社会制度的彻底改革,则所谓国家的独立富强,河流的除害兴利,全属空想。

以上所述诸端,莫不是高度中央集权的长期封建统治的结果,它严重地束缚着我国经济、文化的发展,也是黄河治理落后于时代要求的社会根源。

中国共产党领导全国人民进行了人民民主革命,摧毁了半殖民地半封建社会,建立了社会主义新中国。社会制度的变革为我国经济、文化带来了繁荣昌盛,并迈着前进的步伐奔向更为远大的目标。黄河的面貌,在这三十年间也发生了巨大的变化,也可以说是划时代的变化。

这是由于治理黄河的目标是为了建设社会主义现代化强国,治理黄河的手段是近代的科学技术,治理黄河的策略是适应自然、改造自然、利用自然,除害兴利,为社会主义建设服务。它和我国的其他事业一样,正在新的征途中阔步前进。

随着时代的前进,在治河中也出现了新问题,提出了新要求。就黄河本身说,虽曾遇到罕见的洪水,确保了堤防的安全,但是对于下游安全的要求,随着社会经济的发展,则逐步提高,便须有进一步的措施跟上去。而大量的泥沙来源还没得到控制,尤其在长期不决口的情况下,下游河槽的垫高进程较诸往年为更甚。地上河日益高长,成为当前待解决的迫切问题。至于兴利大业,已创其端,然尚待于大力推进。又以深感大河南北水资源的不足,尚须有所调济。此外,为了治河扫清道路,还须继续肃清封建思想影响和不良作风。所以说,黄河的面貌比之旧日虽已大为改观,而治理的任务则益为迫切,责任更加繁重。让我们在黄河新世纪的开端,奋勇前进吧!

图书在版编目(CIP)数据

历代治河方略探讨/张含英著. —郑州:黄河水利出版
社,2014.11
ISBN 978 - 7 - 5509 - 0990 - 8

Ⅰ.①历… Ⅱ.①张… Ⅲ.①治河工程 - 中国 - 古
代 Ⅳ.①TV882 - 09

中国版本图书馆 CIP 数据核字(2014)第 292028 号

出 版 社:黄河水利出版社
　　　　地址:河南省郑州市顺河路黄委会综合楼 14 层　　邮政编码:450003
发行单位:黄河水利出版社
　　　　发行部电话:0371 - 66026940、66020550、66028024、66022620(传真)
　　　　E-mail:hhslcbs@126.com
承印单位:河南省瑞光印务股份有限公司
开本:890 mm × 1 240 mm　　1/32
印张:5.5
字数:158 千字　　　　　　　　　　　印数:1—1 000
版次:2014 年 11 月第 1 版　　　　　印次:2014 年 11 月第 1 次印刷

定价:32.00 元